冷胁迫下工业大麻幼苗脂代谢的分子机理研究

闫博巍●著

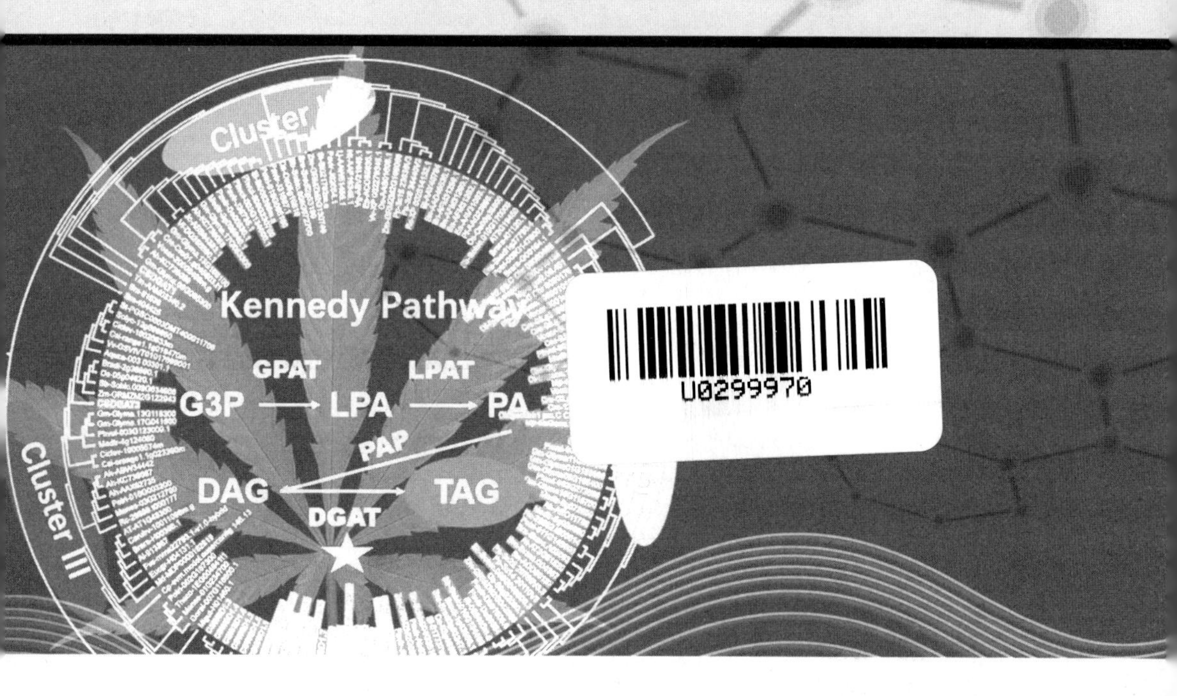

黑龙江大学出版社
HEILONGJIANG UNIVERSITY PRESS
哈尔滨

图书在版编目（CIP）数据

冷胁迫下工业大麻幼苗脂代谢的分子机理研究 / 闫博巍著. -- 哈尔滨 : 黑龙江大学出版社, 2024.4（2025.3 重印）
ISBN 978-7-5686-1158-9

Ⅰ. ①冷… Ⅱ. ①闫… Ⅲ. ①大麻－分子生物学 Ⅳ. ① S563.3

中国国家版本馆 CIP 数据核字 (2024) 第 087580 号

冷胁迫下工业大麻幼苗脂代谢的分子机理研究
LENG XIEPO XIA GONGYE DAMA YOUMIAO ZHI DAIXIE DE FENZI JILI YANJIU
闫博巍　著

责任编辑　吴　非　刘群垚
出版发行　黑龙江大学出版社
地　　址　哈尔滨市南岗区学府三道街 36 号
印　　刷　三河市金兆印刷装订有限公司
开　　本　720 毫米 ×1000 毫米　1/16
印　　张　12.25
字　　数　209 千
版　　次　2024 年 4 月第 1 版
印　　次　2025 年 3 月第 2 次印刷
书　　号　ISBN 978-7-5686-1158-9
定　　价　47.00 元

本书如有印装错误请与本社联系更换，联系电话：0451-86608666。

前　　言

低温是限制工业大麻地理分布范围、大麻籽的产量及品质的关键因素。黑龙江省是我国工业大麻的合法化种植区域，工业大麻幼苗在春季常遭受低温冷害侵袭，因此，解析冷胁迫下工业大麻生理生化及分子调控网络，对阐明工业大麻的冷响应机制及培育抗逆性作物具有重要意义。本书以籽用型工业大麻品种“龙大麻9号”为实验材料，对其幼苗进行4 ℃冷胁迫处理（以25 ℃条件下培养的幼苗为对照组），拟从冷胁迫下工业大麻的生理响应、脂质代谢调控机制及关键基因挖掘三个方面入手，综合利用生物化学、分子生物学及多组学联合分析手段解析冷胁迫下工业大麻冷响应机制，为研究工业大麻耐冷分子调控网络提供重要参考，为培育耐冷工业大麻新品种提供理论依据和基因资源。主要研究结果如下。

（1）对冷胁迫下工业大麻幼苗生理指标进行测定，结果表明，冷胁迫导致植株生物量积累效率及叶绿素含量降低，抑制工业大麻生长发育。随冷胁迫时间延长，大麻幼苗叶片膜透性增大，离子渗透及膜脂过氧化水平加剧，细胞活性氧积累，膜损伤程度加重。在响应冷胁迫过程中，工业大麻通过增加渗透调节物质及提升保护酶活性来缓解冷胁迫对植物细胞造成的损伤。

（2）冷胁迫下共检测到差异表达基因5 936个，其中上调表达基因2 687个，下调表达基因3 249个，其中共筛选出732条脂质代谢途径相关基因，分别注释到18条脂质代谢途径中。差异表达基因主要在甘油三酯（triacylglycerol，TAG）合成、脂肪酸代谢及膜脂代谢过程富集，其中脂肪酸延伸和蜡质生物合成、磷脂信号以及TAG生物合成途径的显著上调表达基因最丰富。

（3）采用脂质组学（lipidomics）检测技术对组成细胞膜的主要磷脂类、

形成叶绿体类囊体膜的主要糖脂类以及脂质代谢的中间产物甘油二酯(diacylglycerol,DAG)和贮存脂质TAG进行分析。冷胁迫下双半乳糖甘油二酯(digalactosyl-diglyceride,DGDG)含量显著上升,单半乳糖甘油二酯(monogalactosyldiglyceride,MGDG)含量显著降低,磷脂酸(phosphatidic acid,PA)、磷脂酰甘油(phosphatidylglycerol,PG)、磷脂酰丝氨酸(phosphatidylserine,PS)含量均受冷胁迫诱导增加,DAG及TAG含量均显著增加。MGDG和DGDG的主要分子种为C36:6,说明工业大麻是18:3植物。冷胁迫下,类囊体膜脂DGDG和硫代异鼠李糖甘油二酯(sulfoquinovosyl diacylglycerol,SQDG)组分多不饱和分子种的含量显著增加,有效提升了工业大麻膜脂不饱和程度,增强了类囊体膜冷胁迫下的流动性。

(4)冷胁迫下,工业大麻内质网中的磷脂合成途径、叶绿体中的半乳糖脂合成途径以及工业大麻α-亚麻酸代谢和脂肪酸β氧化途径等脂质代谢途径被激活,参与这些代谢途径的关键基因显著上调表达。

(5)研究共鉴定分离了10个*CsDGAT*基因家族成员,通过进化分析将其分为4个亚家族。这些基因广泛在不同品种、不同组织部位、不同种子发育阶段表达,且存在不同的表达模式,其功能存在时空差异。*CsDGAT*在工业大麻冷响应过程中具有重要作用,且冷响应模式在叶和根部组织中存在差异。

目　　录

第 1 章　绪论

低温是限制植物生长、分布和产量的主要环境因素。植物在长期的进化过程中形成了对低温不同程度的适应能力,可对冷胁迫做出响应,这是一个复杂的涉及生理生化和分子变化的过程。脂质广泛分布在植物界,在一些高等植物的生殖组织(如种子和果实)中大量存在,是储备能量的重要材料,如向日葵、油菜、花生和杏仁的子叶,蓖麻、椰子的胚乳,鳄梨的中果皮等。脂质在植物的耐冷机制中具有重要作用。冷响应过程中植物通过增加脂肪酸不饱和度缓解冷胁迫对植物生长的负面影响。最明显的是膜脂相变,受甘油酯分子的脂肪酰基不饱和度及膜脂类型的影响,植物膜脂在应对冷胁迫时,由于脂质不饱和度的增加而由凝胶相转变为液晶相,这一过程中脂肪酸脱饱和酶发挥重要作用。调控这些酶的活性会影响甘油骨架上多不饱和脂肪酸(polyunsaturated fatty acid, PUFA)的数量,最终调控植物对冷胁迫的敏感性。这些代谢过程在转录水平上引发一系列的变化,导致基因的不同程度表达。不同的植物对低温的耐受性差异很大,可能存在不同的作用机制。

植物脂质及其代谢中间产物是组成生物膜的重要组分和活跃的信号分子。植物脂质代谢水平极易受到环境因素影响。已有研究表明植物可通过在体内积累磷脂酸(phosphatidic acid,PA)、甘油二酯(diacylglycerol,DAG)和甘油三酯(triacylglycerol,TAG)等脂质以响应冷胁迫。植物通过调控基因转录影响自身新陈代谢水平,这在一定程度上依赖于大量冷调节基因和转录因子的协调作用。植物细胞可感知外界低温并发生膜硬化效应,诱使脂质信号增强。脂质代谢对冷胁迫的响应是通过全面调节作用于脂质代谢途径的基因和酶活性实现的。参与植物脂质合成的基因在转录水平上可受环境因子调控,从而对环境胁迫做出响应。有研究表明,拟南芥、小麦和玉米等植物的脂质合成途径的平衡与冷胁迫有关。调控脂质代谢的复杂机制是植物冷适应的基础,但已有的研究对该机制与植物耐冷性的相关性的探索仍不够深入,尚不明确冷胁迫下工业大麻(*Cannabis sativa* L.)脂质代谢调控网络的冷响应机制。

1.1 低温对工业大麻产业发展的影响

温度是影响作物地理分布、产量和品质的主要环境因素,对大麻籽脂肪酸、蛋白质等营养成分的含量有着重要影响。温度可以影响作物的主要生理生化过程和相关基因的转录调控水平。在作物的生长季节,温度可能会有很大的波动,并对作物的生长发育造成不利影响。作物发育初期的冷害是一个重要问题,可能会影响作物群体的建立,并导致植株黄化和植株死亡。对作物生理基础的了解有助于确定新的耐冷机制。在整个生长季节,作物经常遭受各种类型的环境胁迫,温度就是一种非生物胁迫因子。作为主要的非生物胁迫之一,低温对植物的生长和发育具有负面影响。短暂的冷胁迫可能会扰乱植物的生理过程,如水分状况、光合作用和氮代谢,但植物通常会存活下来;长期的冷胁迫可能会导致植物坏死或死亡。大多数植物逆境胁迫响应的生理过程都涉及氮代谢,例如增加养分的吸收和运输,提高光合作用效率,快速合成渗透调节物质,以及细胞结构变化。因此,代谢活动对植物的生长和耐冷能力具有至关重要的作用。

目前,世界范围内已有 30 多个国家实现了工业大麻的合法化种植、开发和利用。世界范围内对工业大麻的需求日益增加,促使工业大麻种植区域不断向高海拔、高纬度地区扩张。在工业大麻种植区域由热带、亚热带向高海拔、高纬度地区扩张时,大麻籽的产量及品质将受到影响,这严重制约了工业大麻产业的发展。

黑龙江省是全国平均气温最低的省份,年平均气温为 2~5 ℃,低温冷害等气象灾害时有发生,这限制了大麻籽的产量及品质的提升。低温冷害等气象灾害会导致大麻籽的产量及品质下降,甚至出现大麻籽难以成熟的现象。因此,提高工业大麻耐冷性对促进工业大麻产业的发展具有战略意义。

培育工业大麻耐冷品种是提高工业大麻耐冷性的直接有效的手段。然而,工业大麻是异花授粉作物,遗传背景复杂,传统育种方法的培育进展缓慢。近年来,伴随转基因育种技术及工业大麻遗传转化体系的逐步完善,分子育种成为培育工业大麻新品种的快速、有效途径,因此挖掘工业大麻冷响应关键基因,明确工业大麻耐冷机制,对培育工业大麻耐冷品种具有重要意义。

1.2 脂质在植物中的生物学作用

脂质作为细胞膜的结构物质,是细胞的重要组成成分,为植物新陈代谢提供能量储备。越来越多的研究表明,脂质不仅可作为信号转导物质启动植物防御反应,而且可以参与植物细胞对胁迫的缓解过程。目前全球气候的变化极大地影响了作物的产量和品质,因此对由脂质介导的植物应激反应的研究愈发重要。脂质信号类别广泛,如脂肪酸(fatty acid,FA)、PA、DAG 等。这些脂质通常少量存在于植物组织中,并由预先存在的膜脂或膜脂生物合成中间体快速合成。在这个过程中,脂质水解酶,如磷脂酶发挥至关重要的作用。在植物中,存在诸多类型的脂肪酶,具有不同的底物偏好、分布和逆境胁迫响应模式。还有许多编码脂氧合酶(lipoxygenase,LOX)和激酶的基因使用脂质作为底物,表明植物中存在一种高度复杂且灵活的脂质介导的信号转导系统,使植物能够适应各种类型的逆境胁迫。除信号转导作用外,脂质还发挥着缓解逆境胁迫的作用,以减少外界环境对植物的影响。例如,逆境胁迫,如冷冻、干旱和营养缺乏会诱发膜脂的重塑,膜脂的重塑有助于维持膜完整性、脂质动力学以及膜结合蛋白功能。

脂质作为细胞膜的结构成分,是细胞与外部环境的渗透性屏障。植物中,脂质作为信号和能量储存物质在植物生长发育过程中发挥着重要作用。植物脂质包括 TAG、磷脂、半乳糖脂和鞘脂等。植物脂质的研究已持续几个世纪,近年来研究人员对植物脂质的生物合成和代谢的了解随着拟南芥和作物基因组学的研究而得到加深。基因组水平的研究极大促进了对脂质生物合成和代谢相关基因的挖掘。最近,脂质组学技术的发展使细胞、组织、器官和生物体内完整的脂质谱图分析成为可能。以 TAG 形式积累在种子或果实中的贮存脂质已被广泛用于工业领域,包括化妆品、肥皂、涂料、洗涤剂和药品。在生物经济中,植物贮存脂质已广泛用作生产非石油基生物燃料的可再生材料。除生物能源和工业产品外,植物脂质被改良以提高食品和饲料用油的产量和品质。因此,对植物脂质化学和生物合成的了解有助于通过生物技术对脂质进行改良。

植物脂质(如 TAG)是油料作物中最多和最重要的有机化合物之一,不仅在植物生长、发育和繁衍过程中扮演着重要的角色,而且是一种应用非常广泛的可再生的生物能源产品。植物油是食用脂质的主要来源,约占全世界脂质消耗的 75%,而且植物油所含的很多单不饱和脂肪酸,如油酸,比饱和脂肪酸具有更高的营养价值。营养学和流行病学研究表明,长期食用富含不饱和脂肪酸的食用油,可提高血液中高密度脂蛋白与低密度脂蛋白的比率,从而降低人体血液中的胆固醇含量,减少动脉硬化的发生。除了食用价值,植物油还是天然工业原料,很多脂肪酸,如芥子酸、月桂酸、斑鸠菊酸都广泛地用于工业生产。据统计,世界上每年有1/3的植物油用于制药和化工生产。在1956年甘油二酯酰基转移酶(diacylglycerol acyltransferase,DGAT)被发现,随着基因组学、生物信息学和转基因生物技术的发展,许多真核生物中的DGAT已经被鉴定。DGAT是重要的TAG合成酶,它是工业大麻中脂质储存的重要限速因素。了解DGAT合成TAG的机理作用,可以大大提高工业大麻产量与油含量。*DGAT*基因主要分为两类:*DGAT1*与*DGAT2*。尽管都属于*DGAT*,可它们的DNA序列和蛋白序列有很大的区别。

与*DGAT2*相比,*DGAT1*在TAG代谢中有更大的作用,*DGAT2*基因倾向于特殊脂肪酸的积累,但是它们的作用并不互相影响。据研究,有些植物中,起重要作用的是*DGAT1*,而在含有稀有脂肪酸的植物中,*DGAT2*是影响种子脂质积累的主要因素。一般来说,真菌、植物、无脊椎动物等主要含有*DGAT1*,*DGAT2*大多存在于动物、植物和酵母中。

研究发现DGAT在种子发育过程中对种子含油量、脂肪酸组成以及种子重量有很大的影响,而且还影响种子的正常发育。DGAT是植物脂质TAG合成途径中唯一的限速酶,是改善植物脂质含量和品质的一个关键因素。TAG是甘油和三个脂肪酸形成的脂质,它是植物生理和新陈代谢必需的有机物,也是植物种子油分的主要组成成分,可以通过增加其表达量来增加工业大麻作物的含油量与产量。DGAT活性的大小直接影响种子的重量、含油量、TAG含量及脂肪酸组成,同时,植物DGAT与种子发育、种子萌发、幼苗发育、叶片新陈代谢等过程相关。工业大麻的产量与DGAT直接相关,深入探究其机理作用对农业和环境有重要的意义。

1.3 脂代谢在冷胁迫下的重要性

植物对冷胁迫的感知和应答是一个复杂的过程,需要多个途径共同参与。不同植物抵抗逆境胁迫的策略是多种多样的,涉及大量的分子、代谢和生理适应过程。植物首先发生一系列生理生化反应以免受逆境胁迫损伤,然后进行低温驯化以提高在冷胁迫下的存活率。作为质膜和内膜的主要成分，脂质在缓解冷胁迫方面具有结构性作用。生物膜在细胞的保护、动态平衡和新陈代谢中起着至关重要的作用。磷脂与鞘脂类、甾醇类和蛋白质结合，在新陈代谢过程起积极作用。实际上植物抗低温的能力通常与细胞膜的适应能力密切相关。

温度对植物的生长和代谢具有显著影响。当植物处于不同的逆境胁迫条件下时，它们有不同的应答方式来弥补它们灵活性的缺乏。低温是一种严重影响植物生长发育的非生物胁迫，它与栽培作物的产量和生产率密切相关，是温带植物生长范围扩张的主要限制因素。植物对冷胁迫的应答因物种不同而存在差异，甚至在同一个植物品种中也存在差异，然而，无论植物种类的复杂性如何，植物应对冷胁迫的一个主要共同机制是膜脂组成的改变，以保护细胞膜的稳定性和完整性。据研究，冷胁迫下这些代谢过程可触发一系列转录水平变化，导致基因的差异表达，因此，阐明冷胁迫下植物的脂质代谢机制，有助于解析植物的冷响应机制，为提升作物对冷胁迫的抵抗能力提供研究基础。

植物的每个细胞都会受到冷胁迫的影响，膜双层结构本身也直接受到冷胁迫的影响。膜双层结构对温度的适应性变化是感知和传递温度信号的关键。当植物遭受冷胁迫时，膜双层结构的流动性会降低，膜流动性与膜脂不饱和度密切相关。流动性的丧失可能会导致细胞膜半透性损伤。然而，当膜流动性降低时，膜的物理状态的改变也可能调节膜结合蛋白的构象和活性，例如钙离子通道蛋白，通过钙离子（Ca^{2+}）内流将温度信号传递到核内。因此，质膜又称“生物温度计”，在植物温度感应机制中扮演着不可或缺的角色。

许多温带物种在温度胁迫下可产生耐逆性，这与生理生化反应密切相关，主要是由膜流动性的改变引起的。冷适应涉及基因表达的改变，影响膜的组成和相容性溶质的积累。冷胁迫下，膜脂的脂肪酸不饱和度增加是植物冷响应的主要策略之一。然而，膜脂的脂肪酸不饱和度的增加程度在不同的植物之间存在差异，即使是同一物种，也会因冷胁迫方式不同而产生不同的应答模式。大部分研究者针对根和叶的冷响应模式进行研究。

1.3.1 脂滴在冷胁迫中的重要性

植物正常生长情况下,脂滴(lipid droplet,LD)一直被视为中性脂质的储存库,这些脂质是膜生物合成的碳、能量和脂质来源,营养组织中只有少量的脂滴存在,但研究人员发现在衰老过程中以及胁迫条件下,脂滴会在营养组织中积累。在拟南芥中,三种不同亚型的小橡胶颗粒蛋白(small rubber particle proteins, SRPs)主要负责维持叶片中脂滴的稳定,已发现通过调控*SRPs*表达可调节叶片组织中的脂滴数量。胁迫条件下,脂滴为逆境相关酶提供可结合的表面,并为生物活性化合物的生物合成提供底物。破坏 SRPs 后,脂滴的减少可能只是由于脂滴相关蛋白缺乏足够的结合表面,因此,过表达叶片中的*SRPs*可增加脂滴数量,增强脂滴与相关蛋白的结合能力,提升植物抗逆性。

油体钙蛋白(caleosin)是一种丰富的脂滴相关蛋白,可感知胁迫下植物信号转导途径中钙离子浓度的变化。除钙离子感应能力外,caleosin 还具有过氧化物酶活性,主要负责多不饱和脂肪酸的环氧化和羟化。脂氧合酶在多不饱和脂肪酸氧化中起重要作用,其产物作为下游反应的底物,产生具有生物活性的过氧化脂质,并参与各种发育过程,包括胁迫应答过程。

1.3.2 TAG 在冷胁迫中的重要性

植物油主要由 TAG 组成,是一种贮存脂质,主要用于食品和工业领域,是生物替代燃料的重要来源。虽然 TAG 通常不会在营养组织中富集,但有证据表明,它在这些组织中的积累是植物应对非生物胁迫的重要策略之一。在不同的胁迫条件下,植物细胞通过脂质重塑使质膜和外膜的脂质成分发生变化以维持膜的流动性、稳定性和完整性。环境胁迫可诱导叶绿体中单半乳糖甘油二酯(monogalactosyldiglyceride,MGDG)和叶绿素的降解,导致 DAG、游离脂肪酸、植基等有毒脂质中间体的积累,从而损害植物细胞。与此同时,TAG 具有中转池的作用,可隔离部分有毒的中间体,从而防止胁迫环境对细胞造成损伤。在拟南芥中,质球定位的酰基转移酶 1 和质球定位的酰基转移酶 2 可通过催化将

DAG 转化为 TAG,并使用脂酰辅酶 A(acyl CoA)、半乳糖脂和酰基载体蛋白作为酰基供体来发挥解毒作用。同时,作为解毒的一种手段,质球定位的酰基转移酶 1 和质球定位的酰基转移酶 2 也可将游离脂肪酸和植基转化为脂肪酸植酸酯作为解毒方式。

冷胁迫下,植物积累 DAG,主要是通过转移酶 SFR2(sensitive to freezing 2)的作用完成,SFR2 编码一个定位于叶绿体外膜的半乳糖脂:半乳糖基转移酶。冷胁迫诱导质外体冰晶的形成和细胞脱水,这两者都会导致膜渗透性增强,导致镁离子的释放和细胞酸化,并诱导 SFR2 的翻译后激活,将半乳糖基从 MGDG 转移到半乳糖受体,导致低聚半乳糖脂和 DAG 的积累。虽然低聚半乳糖脂可增强叶绿体膜稳定性,但冷胁迫导致的膜收缩期间,DAG 释放到细胞质,在甘油二酯激酶(diacylglycerol kinase,DGK)的催化作用下转化为 PA。冷胁迫引起的 PA 积累主要是通过 DGK 的作用完成的,部分条件下,磷脂酶 D(phospholipase D,PLD)对膜磷脂的水解也有一定作用。

越来越多的证据表明,TAG 在植物抵御冷胁迫过程中发挥着重要作用。通过 DGAT 和 DGK 的催化作用,将 DAG 转化为 TAG 而不是 PA。拟南芥 *DGAT1* 在低温条件下上调表达,与野生型植物相比,*dgat1* 突变体对冷胁迫的敏感性增加。与此相一致的是,对冷敏感和耐冷的 *Boechera stricta* 品种进行的比较基因组学研究表明,*DGAT1* 的上调表达是耐冷性的常见机制,可能的原因是 DAG 向 TAG 的转化增加,而向 PA 的转化减少。

1.3.3 冷胁迫下的脂质抗氧化和半乳糖脂重塑

类囊体膜主要由半乳糖脂组成(半乳糖脂是糖基为半乳糖的一种糖脂)。它们与鞘糖脂的不同之处在于它们的组成中不含氮。它们是植物膜脂的主要组成部分,它们可替代磷脂为必要的生物过程保存磷酸盐,由 50%的 MGDG、26%的双半乳糖甘油二酯(digalactosyl - diglyceride, DGDG)、磷脂酰甘油(phosphatidylglycerol, PG)和硫代异鼠李糖甘油二酯(sulfoquinovosyl diacylglycerol,SQDG)组成。光合膜中半乳糖脂的富集表明,它们不仅具有典型的双层膜功能,还具有其他特定的作用,如光合作用复合体的稳定、膜结构(曲率)和类囊体堆叠(基粒)的形成。除了膜脂,类囊体还含有嵌入的脂质抗氧化剂,如生育酚、γ-生育三烯酚和作为电子传输氧化还原分子而广为人知的质体醌。

叶绿体和光合膜对环境变化做出反应,可通过改变类囊体膜的结构,基粒堆叠的大小,叶绿素含量、数量,捕光复合体的位置以适应光强度和质量的改变。膜脂饱和度的变化是植物适应温度变化的重要策略,可维持膜流动性和渗透性。有研究表明,在中等温度胁迫下,叶绿体大小和数量发生可逆的增加。在非生物胁迫下,植物细胞中活性氧代谢的动态平衡遭受破坏,一种部分基于脂溶分子的保护系统将建立,以保护植物细胞和光合膜免受活性氧的损伤。

1.3.4 冷胁迫和游离脂肪酸

冷胁迫下,植物膜会从液晶相向凝胶相转变,细胞膜流动性降低,渗透性增强,发生离子渗漏现象,并且导致膜蛋白失活。相关研究表明,叶绿体膜中的饱和磷脂酰甘油(phosphatidylglycerol,PG)含量可能与植物温度适应性有关,从而影响植物耐冷性。冷敏感植物的相变温度高于耐冷植物的相变温度。在耐冷植物中,含饱和脂肪酸(16:0,18:0)的 PG 的含量低于 20%,但冷敏感植物含有 40%或更多的饱和 PG。

冷胁迫下,维持叶绿体脂质中的多不饱和脂肪酸水平有助于提升植物耐冷性和促进叶绿体膜的正常形成。拟南芥 *fad5* 突变体和 *fad6* 突变体叶绿体半乳糖脂中多不饱和脂肪酸的水平均降低,前者缺乏具有生物活性的叶绿体 Δ-9 脂肪酸脱饱和酶,而积累了高水平的棕榈酸(16:1)和油酸(18:1)。突变体幼苗在冷胁迫下呈现失绿表型,其叶绿素含量是野生型的一半。此外,突变体类囊体膜数量减少,叶绿体变小。缺失内质网定位的 ω-6 脱饱和酶的拟南芥 *fad2* 突变体,叶绿体外膜脂的多不饱和度显著降低,在低温(6 ℃)下培养,最终枯萎和死亡。此外,有研究表明,冷驯化后的植物在冷胁迫期间积累了多不饱和脂肪酸以增强冷适应能力。冷驯化后的马铃薯(*Solanum commersonii*)在叶片的甘油脂质中积累亚油酸(18:2),而未驯化的马铃薯在冷胁迫期间不表现出这一特征。

三烯脂肪酸是膜脂中主要的多不饱和脂肪酸,主要包括十六碳三烯酸

(16:3)和亚麻酸(18:3)。在植物生长的早期阶段,通过增加叶绿体膜中的三烯脂肪酸含量能增强植物的低温耐受性。在烟草中过表达拟南芥叶绿体 ω-3 脱饱和酶基因 *FAD7* 或 *FAD8*,可增加叶片组织中的三烯脂肪酸含量,降低十六碳二烯酸(16:2)和亚油酸(18:2)含量。对野生型和转基因烟草的分析表明,转基因烟草幼苗具有耐冷性,但成熟植株不具有耐冷性。当通过过量表达内质网定位的 ω-3 脂肪酸脱饱和酶 *FAD3* 基因来增加烟草叶绿体外膜的主要成分磷脂中的三烯脂肪酸水平时,没有发现野生型和转基因烟草在耐冷性和耐冻性方面存在显著的差异。

1.4　脂质在缓解冷胁迫中的作用

低温对植物的影响取决于冷冻率、暴露时间和其他相关的因素。根据物种的耐受性,低温对植物造成的损伤在几个小时或几天内发生,这取决于特定物种的温度耐受性。植物的耐冷性是一个复杂的性状,以组合或连续的方式出现,不受单一调控途径或基因的控制,使得传统的耐冷性育种方法面临挑战。随着生物技术在农业上的发展,研究者从形态、解剖、生理、生化和分子生物学等方面对植物的耐冷机制进行了广泛而深入的研究。有研究者提出冷害最初发生在细胞和器官水平。生物膜系统,包括细胞膜、核膜等,是损伤的起始部位,特别是会对结构、功能、稳定性和酶活性方面产生影响,从而导致大量的代谢失衡,尤其是涉及呼吸作用和光合作用的代谢过程,这些变化反过来影响植物的生长发育,最终在全株水平上对植物造成伤害,导致冷害发生。生物膜是植物脂肪的主要储存库,而脂肪酸是生物膜的主要组分,被用作评价花生品质的主要指标。研究表明,花生的耐冷性与膜脂的组成和结构密切相关,特别是膜脂肪酸的饱和度。膜脂代谢和耐冷性之间复杂的生理、生化和分子机理正在不断地得到探索来为提高耐冷性的相关研究提供支持。

1.4.1　冷胁迫对细胞膜透性的影响

生物膜流动性的调节机制是植物适应温度变化的主要机制之一,如图 1-1 所示,生物膜流动性受脂质组分在膜上的分配比例和甘油脂质不饱和程度的影响。当植物受到冷胁迫时,膜脂从液晶相向凝胶相转变,导致电解质泄漏和细胞内离子失衡。植物在冷胁迫下的典型症状包括脱水、枯萎、黄化和加速衰老。一般在冷胁迫下,冷敏感和耐冷品种的细胞质中积累脯氨酸、可溶性糖和可溶性蛋白质。这些渗透调节物质在耐冷性较强的品种中的增加幅度大于冷敏感品种。然而,当花生植株遭受难以忍受的低温时,细胞质中这些物质的含量显著减少。

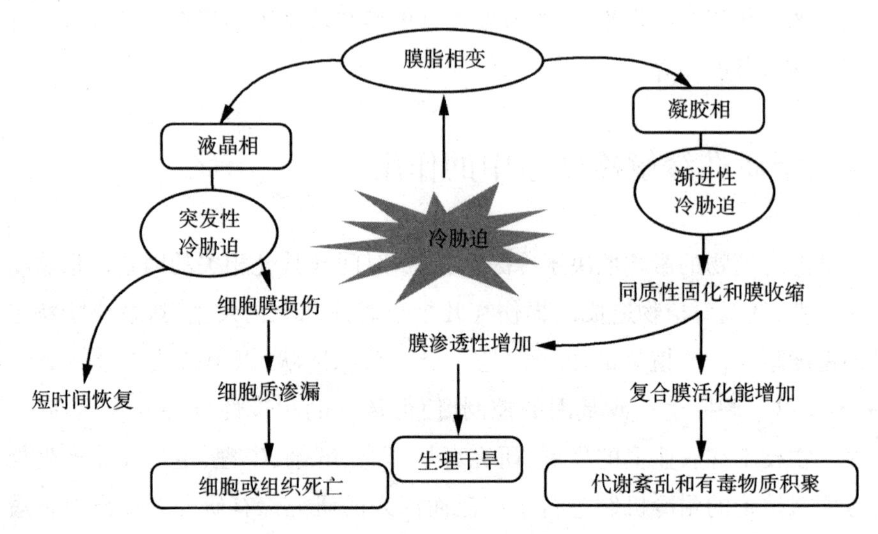

图 1-1　冷胁迫对细胞膜透性的影响

1.4.2　冷胁迫对膜脂过氧化的影响

冷胁迫下植物生物膜系统的损伤与活性氧引起的膜脂过氧化和蛋白质破坏有关。膜脂过氧化是指膜上不饱和脂肪酸双键上的一系列自由基反应,这是由脂质中不饱和脂肪酸上的氧自由基($\cdot O_2^-$、$\cdot HO_2$、$\cdot OH$)引发的。膜系统的结构被活性氧破坏,导致代谢紊乱以及有毒物质在植物中大量积累。丙二醛(malondialdehyde,MDA)是膜脂过氧化的产物,冷敏感品种在冷胁迫下积累的含量更高。耐冷品种可依靠抗氧化酶系统清除植物细胞中产生的活性氧和超氧阴离子自由基来抵御外界环境胁迫。

1.4.3　冷胁迫对细胞膜脂质组分的影响

植物膜脂主要由磷脂组成,包括磷脂酰胆碱(phosphatidylcholine,PC)、磷脂酰乙醇胺(phosphatidyl ethanolamine,PE)、磷脂酰肌醇(phosphatidylinositol,PI)、磷脂酰甘油(phosphatidylglycerol,PG)、PA、由 MGDG 和 DGDG 组成的糖脂、少量的 SQDG 及中性脂质(如 TAG)。生物膜是一个动态平衡系统,可根据外部温度的变化,适应性地调整内部组成。磷脂含量与植物的耐冷性呈正相关,当磷脂合成受阻时,植物耐冷性会减弱。PG 中高熔点分子在总分子种类中的占比或饱和脂肪酸在总脂肪酸中的占比与植物的冷敏感性显著相关,冷敏感的品种中,高熔点分子的占比更高。MGDG 和 DGDG 是葡萄的膜脂质的重要组成部分,与光合作用密切相关,其含量在低温下也会发生动态变化。冷处理后的玉米叶片脂质组学分析结果显示,冷胁迫下,PA 和 DGDG 含量增加,但 PE 和 MGDG 含量减少,导致冷胁迫下 PC 向 PA 的转化增强,而 PC 是合成半乳糖脂的前体。

脂质转移蛋白作为不同细胞膜间脂质转移的载体,其活性的改变会导致膜脂质组成的改变,影响植物耐冷性。相关研究表明,与非转基因植物相比,过表达 *BLT101* 的转基因小麦品系(BLT101ox)在冷胁迫下损失的水分较少,生长素和细胞分裂素相关基因下调表达。长时间的冷处理后,BLT101ox 的叶片显示出正常的表型,而非转基因植物则显示出脱水和枯萎的表型。非特异性脂质转移蛋白是含量丰富的小分子蛋白,通过改变膜脂质的组成,参与膜的生物合成,在不同的细胞器之间运输脂质,并负责磷脂的膜间运输。

1.4.4　冷胁迫对膜脂重塑的影响

脂质的生物合成是由许多过程组成的,这些过程跨越不同的细胞器,如质体、内质网和细胞膜,有复杂的途径和转运机制。脂肪酸的合成利用来自光合作用中丙酮酸形式的碳通量,定位于质体中,随后,脂肪酰基链被引导到质体中产生更复杂的脂质分子或在细胞膜和内质网中运输。脂肪酸的合成和进一步修饰的调节是复杂的,这是根据酰基链的供求关系来调节的,其生产也根据要求来平衡。

存在于植物细胞壁中的角质素和软木脂是脂肪酸衍生的复杂聚合物,具有化学和物理屏障作用,保护细胞免受外部病原体的侵害,并控制气体、水和溶质的流动。冷敏感的拟南芥 *sfr3* 突变体,由于蜡组成和形态的变化,在冷胁迫和花的发育过程中出现角质层渗透性的改变。这种表型的产生是由于 *ACC1* 基因的错义突变,*ACC1* 基因编码了参与脂肪酸生物合成的细胞质乙酰辅酶 A 羧化酶。质膜是生物体和外部环境之间的主要屏障,是最先遭受胁迫影响的部位。在胁迫条件下,质膜中脂质成分和结构的改变对维持膜的稳定性和功能至关重要。总的来说,生物膜在细胞的保护、动态平衡和新陈代谢中起着至关重要的作用,在信号识别和信号级联过程中也起着关键的作用,这些信号识别和信号级联过程是胁迫条件下蛋白质和脂质相互作用的关键调节过程。

1.4.5 冷胁迫对膜脂质不饱和度的影响

植物可以通过改变膜脂中的脂肪酸不饱和度来调节膜的稳定性和流动性,这对生物体维持正常的光合作用和呼吸代谢以及响应冷胁迫具有重要意义。一般而言,膜脂中不饱和脂肪酸的含量随着温度的降低而增加。此外,与冷敏感的品种相比,耐冷品种的脂质中不饱和脂肪酸的含量更高。冷敏感品种的生物膜由于脂肪酸的饱和度较高,即使在室温下也会发生从液晶相到凝胶相的相变,而耐冷品种则可以保持相变温度低于冷处理温度,从而避免相变。不同花生品种中的主要脂肪酸组成相似,主要包括棕榈酸(16:0)、硬脂酸(18:0)、油酸(18:1)、亚油酸(18:2)、亚麻酸(18:3)和花生酸(20:0)。然而,冷胁迫下,不同品种的脂肪酸含量变化存在差异,主要体现在 18:1、18:2 和 18:3 的含量迅速增加,而 16:0 和 18:0 的含量减少。

在植物细胞中,饱和脂肪酸是由Ⅱ型脂肪酸合成酶系统在酰基载体蛋白的作用下合成的。不饱和脂肪酸的生物合成主要通过饱和脂肪酸的去饱和化完成,这取决于两种酰基脂酶,包括负责甘油骨架 C-1 位酯化的甘油-3-磷酸酰基转移酶 (glycerol-3-phosphate acyltransferase,GPAT)和负责 C-2 位酯化的单酰甘油-3-磷酸转移酶,以及各种脂肪酸脱饱和酶。酰基载体蛋白是一种小分子酸性蛋白,在脂肪酸链延伸过程中发挥重要作用。有研究人员在花生中鉴定

分离出了 *AhACP1*、*AhmtACP3*、*AhACP4* 和 *AhACP5* 基因,且证实与植物的耐冷性密切相关。在烟草中过表达 *AhACP1* 或抑制其表达可改变叶片中总脂含量和脂肪酸的组成,导致 C18:2 和 C18:3 的含量显著增加或减少,从而改变作物对冷胁迫的耐受性。GPAT 是磷脂酰甘油生物合成中的第一个酰基脂肪酶,可以将脂肪酰基转移到甘油-3-磷酸(G-3-P)的 C-1 位置,合成 1-酰基甘油-3-磷酸。相关研究表明,不同耐冷品种的 GPAT 对酰基底物的选择性不同,即冷敏感品种倾向于结合 C16:0,而耐冷品种对 C16:0 和 C18:1 的底物选择性相同。冷胁迫下 *GPAT* 的表达与植物耐冷性密切相关。

冷胁迫可导致细胞脱水和膜完整性的丧失,影响作物产量。有研究表明,低聚半乳糖脂可缓解冷胁迫。拟南芥 *sfr2* 突变体对冷胁迫高度敏感。SFR2 是一种半乳糖基转移酶,它将一个半乳糖基从 MGDG 分子转移到其他半乳糖脂,包括 MGDG,导致叶绿体被膜中低聚半乳糖脂的形成,改变双层膜脂与非双层膜脂的比例。缺乏拟南芥磷脂酶 Dα(phospholipase Dα,PLDα)的突变体的耐冷性增加,也证实了脂质代谢在缓解冷胁迫中的重要性。

1.5　工业大麻营养价值

工业大麻是一种草本、风媒植物,隶属于桑科大麻属,是最古老的栽培植物之一。目前,工业大麻在北美洲、欧洲、非洲以及亚洲国家广泛种植,是一种多用途、可持续、低环境影响的作物,可广泛应用于多个领域,包括农业、食品、饲料、化妆品、建筑和制药等行业。工业大麻整株可以获得多种具有工业价值的产品,如纤维、木屑、生物建筑材料,具有重要药理价值的生物活性化合物,以及具有营养和功能特性的种子和油,如图 1-2 所示。

工业大麻有三个主要用途:工业用途、食用用途和药用用途。该植物的每个部分都可以用于特定的工业领域。种子可以整体或去皮后用于食品、饲料和化妆品领域,也可以经过冷压处理后获得用于食品和化妆品领域的油。从茎中可以同时获得用于动物、建筑、造纸和纺织的植物性杂质和纤维。与其他草本植物相比,工业大麻根系发达,这一特点适合用于对重金属土壤进行植物修复。工业大麻花可用于观赏或生产化妆品和具有药用价值的产品,如由大麻二酚(CBD)提取物组成的精油。

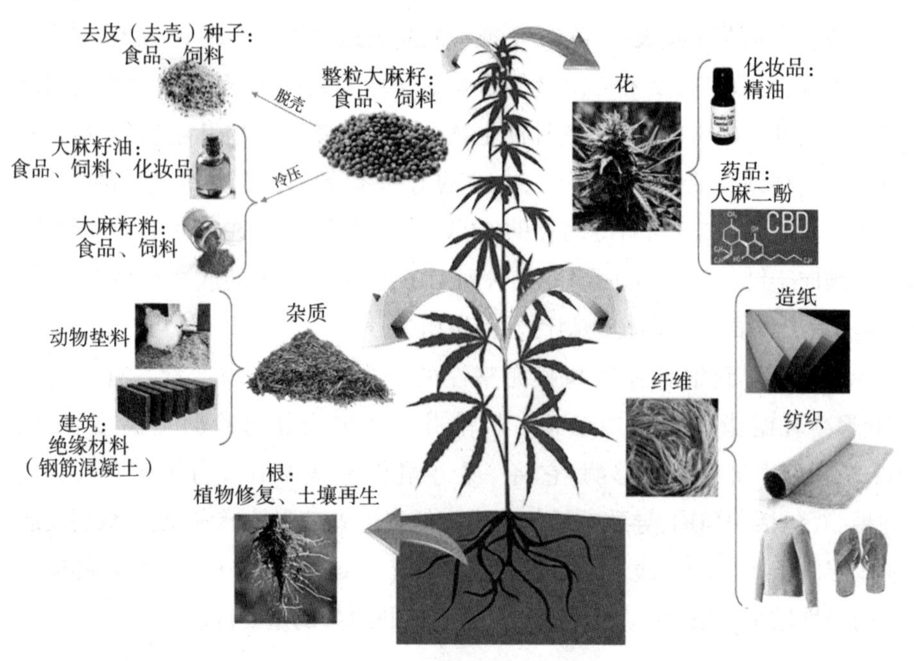

图 1-2　大麻植物的应用

传统而言，工业大麻主要作为纤维作物种植，制得的天然纤维最早得到应用，用于生产纺织品和绳索。尽管工业大麻种子具有很高的营养价值，但最初被认定为是生产纤维的副产品，大部分用作动物饲料。从 20 世纪上半叶开始，由于合成纤维产业的迅速发展，工业大麻的种植面积急剧减少。直至近 20 年来，才重新引入工业大麻概念，恢复工业大麻的种植。在此背景下，加拿大第一个恢复工业大麻的种植，紧随其后的是欧洲和美国。现如今，人们对工业大麻种子的高营养价值和潜在功能的认识不断深入。然而，社会普遍对工业大麻的认识不足。工业大麻种子产业发展仍受到药用大麻负面声誉的不利影响。

以下汇总了有关工业大麻籽的营养和功能特性的相关研究，旨在鼓励从业者开发以工业大麻籽为主要原料的高脂肪酸保健食品，发掘工业大麻在特种植物油和品质育种研究等方面的应用价值。

1.5.1　工业大麻籽的营养特性

工业大麻籽是极具营养价值的食物来源之一。完整或去壳的种子均可食用,可加工成油和蛋白粉产品。工业大麻籽含 25%~35%的脂肪,具有独特和平衡的脂肪酸;含 20%~25%的易消化蛋白质和丰富的必需氨基酸;含 20%~30%的碳水化合物,大部分由不溶性膳食纤维组成;含维生素和矿物质。工业大麻籽的营养特性见表 1-1。

表 1-1　工业大麻籽的营养特性

单位:mg/100 g

水分	脂肪	蛋白	碳水化合物	总膳食纤维	不溶性膳食纤维	可溶性膳食纤维	矿物质
1. 1~7. 2	26. 9~30. 6	23. 8~28. 0	n. a.	n. a.	n. a.	n. a.	5. 1~5. 8
4. 1~4. 3	32. 8~35. 9	24. 3~28. 1	32. 5~37. 5	n. a.	n. a.	n. a.	4. 9~6. 1
6. 7±0. 5	34. 6±1. 2	25. 6±0. 6	34. 4±1. 5	33. 8±1. 9	30. 9±1. 5	2. 9±0. 4	5. 4±0. 3
4. 0~9. 2	25. 4~33. 0	21. 3~27. 5	n. a.	n. a.	n. a.	n. a.	3. 7~5. 9
6. 5	35. 5	24. 8	27. 6	27. 6	22. 2	5. 4	5. 6
8. 4	33. 3±0. 1	22. 5±0. 2	n. a.	n. a.	n. a.	n. a.	5. 9
7. 3±0. 1	24. 5±2. 0	24. 8±1. 1	38. 1±2. 5	n. a.	n. a.	n. a.	5. 3±0. 6

注:以上数据中,最小值到最大值的数据范围的形式表示分析了一个以上的品种,平均值、平均值±标准偏差的形式表示只分析了一个品种。n. a. 表示对应项未检出。

除自身的营养价值之外,工业大麻籽还含丰富的天然抗氧化剂和生物活性成分,如生物活性肽、酚类化合物、生育酚、类胡萝卜素和植物甾醇,含量主要受环境和农艺因素的影响,受遗传变异的影响较小。此外,工业大麻籽中还含有一些可能对其营养价值产生负面影响的抗营养化合物。

1.5.1.1　工业大麻籽脂肪

(1)工业大麻籽的脂肪酸组成

脂肪是工业大麻籽中最重要的成分,因此,工业大麻籽的脂肪通常被称为大麻籽油。大麻籽油是从工业大麻中获得的具有工业价值和食用价值的产物。不同品种工业大麻籽的含油量占整个种子的25%~35%。大麻籽油富含不饱和脂肪酸,含量可高达90%,其中70%~80%的不饱和脂肪酸由多不饱和脂肪酸组成。亚油酸(linoleic acid,18:2,n-6,LA)是最具代表性的脂肪酸,占总脂肪酸的一半以上。另一种占比较高的多不饱和脂肪酸是α-亚麻酸(α-linolenic acid,18:3,n-3,ALA)。大麻籽油是这两种脂肪酸的丰富来源,亚油酸和α-亚麻酸是维持人类健康生活所必需的脂肪酸,且不能自身合成,必须通过食物获得。

不饱和脂肪酸对许多生理过程都起到非常关键的作用,包括维持细胞膜结构完整性、保持心血管健康、通过合成前列腺素和白细胞三烯来调节代谢和炎症过程、维持皮肤完整性以及适当调节大脑的发育和功能。日常生活中,除多不饱和脂肪酸浓度之外,n-6与n-3多不饱和脂肪酸的比例是维持人体健康,防止以慢性炎症为主要特征的慢性退行性疾病(如心血管疾病和神经退行性变性疾病)以及癌症发生的重要指标。据欧洲食品安全局(European Food Safety Authority,EFSA)规定,理想的n-6:n-3比例为3:1~5:1。大麻籽油成分中发现的亚油酸和α-亚麻酸的n-6:n-3比例正好为3:1~5:1,这有助于降低饮食中的n-6:n-3比例,特别是在工业化国家。大麻籽油的饱和脂肪酸总量不超过12%,不饱和脂肪酸和饱和脂肪酸的比例较高(>10),有助于降低动脉粥样硬化和冠心病等疾病的风险。大麻籽油包含的主要饱和脂肪酸是PA,含量在2%~9%之间,其次是硬脂酸(stearic acid,18:0,SA)。

(2)不皂化物

一般说来,多数脂质都是由可皂化和不可皂化的物质组成的。相关研究表明,大麻籽油中的不皂化物含量为全部脂质的1.80%~1.92%,其中最主要的化合物是生育酚和植物甾醇。生育酚是天然存在的脂溶性化合物,具有极高的抗氧化活性,包括不同的异构体α-生育酚、β-生育酚、γ-生育酚和δ-生育酚,是大麻籽油中主要的抗氧化剂,具有清除自由基的能力,可以保护大麻籽油免受氧化。γ-生育酚是脂质中最活跃的抗氧化剂,它与其他抗氧化剂一起,为大麻籽油提供了高度的氧化稳定性。α-生育酚即维生素E,是唯一具有生物活性的生育酚形式。大麻籽油的总生育酚含量高于向日葵油、芝麻油和苋菜油的总生育酚含量,其含量最高可达90 mg/100 g。与此同时,大麻籽油的γ-生育酚含量高于亚麻籽油和菜籽油的γ-生育酚含量。

植物甾醇是一种脂溶性化合物，不能在人体中合成，只存在于植物之中。植物甾醇具有与胆固醇相似的结构，因而植物甾醇在进入肠道后，能够降低胆固醇的溶解度，抑制肠道对胆固醇的吸收。β谷固醇（β-sitosterol）是大麻籽油中最丰富的植物甾醇，其含量可达190.5 mg/100 g，它对植物细胞和细胞膜的流动性及细胞分化具有重要作用，可有效地降低人体的胆固醇浓度，具有抗病毒、抗真菌的特性。在大麻籽中发现的另外两种主要的植物甾醇是菜籽固醇和豆固醇，豆固醇能够抑制数种促炎因子，并可有效预防骨关节炎。

关于大麻籽油的不皂化物的研究主要集中在以上几方面，其他方面的研究相对较少。

1.5.1.2 工业大麻籽中的蛋白质

工业大麻籽蛋白质含量为20%~25%，与大豆蛋白相比，未经处理的蛋白更容易消化。工业大麻籽蛋白质含人体必需氨基酸，谷氨酸含量最为丰富（占整个种子的3.74%~4.58%），其次是精氨酸（占整个种子的2.28%~3.10%），可作为可消化精氨酸的来源。精氨酸是饮食中一氧化氮（NO）形成的前体，NO作为一种强有力的血管紧张素，在心血管系统、免疫功能和肌肉修复方面具有非常重要的积极作用。工业大麻籽蛋白质在体内的消化率与主要豆类蛋白质相同，高于谷类产品的蛋白质消化率水平，除去大麻籽壳后的蛋白质消化率可由85.2%提高至94.9%。整体而言，工业大麻籽的蛋白质营养丰富，可高度消化，可作为重要的人类饮食蛋白来源。

1.5.1.3 工业大麻籽中的碳水化合物和膳食纤维

工业大麻籽的总碳水化合物含量为20%~30%，膳食纤维是大麻籽碳水化合物的主要组成部分，含量为总碳水化合物的98%，主要集中于外壳。工业大麻籽为低淀粉物质，是膳食纤维的丰富来源，尤其是不溶性膳食纤维。膳食纤维是一种非淀粉多糖，可分为不溶性膳食纤维和可溶性膳食纤维。膳食纤维可提高胰岛素敏感性，降低食欲和食物摄取量，从而降低肥胖和糖尿病的发生风险，膳食纤维还可以降低血液中的总胆固醇和低密度脂蛋白浓度。膳食纤维不能在小肠中消化，可以到达大肠，并由肠道微生物发酵产生具有抗癌和抗炎特性的短链脂肪酸。工业大麻可作为一种膳食纤维含量丰富的食物。

1.5.1.4 工业大麻籽中的矿物质

矿物质由于在膳食中的需要量相对较低而被称为微量营养素(需要量为1~2 500 mg/天),是维持健康所必需的物质,在生理和结构上发挥着重要作用。大量研究表明工业大麻籽是食物矿物质的良好来源,所含主要常量元素有磷(P)、钾(K)、镁(Mg)、钙(Ca)和钠(Na),所含微量元素有铁(Fe)、锰(Mn)、锌(Zn)和铜(Cu)。参考欧洲食品安全局的膳食参考值以及美国国家科学院医学研究所食品和营养委员会的膳食参考摄入量规定,可见工业大麻籽是P、K、Mg、Ca、Fe、Zn、Cu和Mn极好的天然来源。值得一提的是,工业大麻籽的P含量高于小葵子[*Guizotia abyssinica*(L. f.)Cass.](784.64 mg/100 g)和亚麻籽(*Linum usitatissimum* L.)(461.35 mg/100 g)的P含量,这两种植物被认为是P的最佳来源。大麻籽的K含量高于亚麻籽和榛子的K含量(568.91 mg/100 g,63 mg/100 g),而榛子是K的最佳来源。较高的K含量和较低的Na含量会提高K/Na比,可抗血小板凝结,降低脑卒中的发病率。核桃是Mg的最重要来源之一,工业大麻籽的Mg含量与核桃相当,对维持心脏功能及健康具有重要作用。在工业大麻籽所含的微量元素中,Fe的含量远远高于谷类作物,所以工业大麻籽食品可以用来改善缺铁状况。

1.5.2 工业大麻籽的功能特性

工业大麻籽的功能特性不仅与其较高的营养价值有关,还与不同生物活性化合物的存在有关,其中包括具有抗氧化、抗炎和保护神经作用的独特酚类化合物,对人类健康具有很大的益处。

1.5.2.1 酚类化合物

酚类化合物是次生代谢物,通常由植物产生,可使植物产生对生物和非生物逆境胁迫的抵抗能力。酚类化合物具有内在的抗氧化活性,可以保护细胞免受氧化损伤,从而减少与氧化应激相关的各种退行性疾病的发生。事实上,在人体内,酚类化合物具有多种生理活性,如起到保护心脏和消炎的作用。

工业大麻籽中最丰富的抗氧化剂是生育酚,特别是 γ-生育酚。尽管工业大麻籽不饱和脂肪酸含量高,极易被氧化,但是丰富的生育酚极大地提高了大麻籽油的氧化稳定性。研究表明,大麻籽油是一种良好的膳食抗氧化剂来源,在促进健康和预防氧化损伤疾病方面具有重要作用,可用于提高食品的质量和稳定性。

工业大麻籽中的大多数酚类化合物具有较强的清除自由基活性,此外,酚酰胺类化合物,特别是木脂酰胺类化合物在体外可抑制 100 μg/mL 的乙酰胆碱酯酶(AChE)活性,表现出与药物相似的特性。Bourjot 研究发现,从大麻籽粉中提取的酚酰胺中,N-反式咖啡酰酪胺具有最高的抗氧化剂和精氨酸酶抑制剂活性,不仅可提高改善内皮功能的生物利用度,还可以减少氧化应激,在预防包括心血管疾病在内的各种内皮功能障碍的发生和发展中具有关键作用。近期研究人员发现两种独特的工业大麻籽生物活性化合物,属非木脂酰胺类化合物,命名为 Sativamides A 和 Sativamides B,可减少内质网应激引起的细胞死亡,内质网应激在帕金森病和阿尔茨海默病等神经退行性变性疾病中有重要影响。

工业大麻籽的神经保护作用与所含的一些化合物对小胶质细胞的抗炎和抗氧化作用有关。小胶质细胞是中枢神经系统的免疫细胞,参与调节大脑的免疫反应,在防御大脑的感染和炎症中发挥重要作用。这些细胞的持续或过度激活通常与神经元损伤和神经退行性变性疾病的发生有关,可预防脂多糖对海马神经细胞的损伤,改善记忆和认知功能。

1.5.2.2 生物活性肽

同酚类化合物一样,生物活性肽属于功能化合物。研究表明,工业大麻籽蛋白的生物活性有限,其水解产物生物活性较高,具有抗氧化、抗高血压、抗增殖、降低胆固醇、抗炎和神经保护等特性。这些证据表明,生物活性肽在蛋白质天然结构中被加密,需在水解过后才能发挥作用。不同的水解条件可获得不同种类和活性的水解物。低分子量多肽与高分子量多肽相比,更具生物活性,且易被吸收。与此同时,小分子肽更易与特定的靶位点相互作用,例如酶的活性位点。工业大麻籽蛋白水解物还具有降低胆固醇和抗高血压活性。

疏水性对于所有生物活性肽,尤其是抗氧化剂来说,是一个特别重要的特征。由于肽的长度较短,疏水性有助于肽穿越肠屏障和通过与脂质双层的疏水结合来增强肽通过细胞膜时细胞膜的通透性,而在抗氧化肽中,疏水性促进了与自由基的有效相互作用,以发挥有效的抗氧化作用。

研究人员鉴定出两种具有 α-葡萄糖苷酶抑制活性的大麻籽肽,具有抗糖尿病的特性。这两种肽分别是亮氨酸-精氨酸(LR)二肽和脯氨酸-亮氨酸-蛋氨酸-亮氨酸-脯氨酸(PLMLP)五肽。总之,尽管体外和部分体内(动物)研究已经证明了工业大麻籽蛋白水解物和单个分离多肽的功能效应,但仍然缺乏关于这些多肽进入胃肠道的稳定性和生物利用度的人体环境研究,尚需进一步研究。

1.5.2.3 日粮补充剂

合理的饮食干预是一种重要的非药理学措施,可降低心血管疾病发生风险,从而改善人群的健康状况。工业大麻籽因其抗氧化和抗炎特性,可以进行有效的饮食干预,以治疗和预防心血管疾病。因此,一些学者研究了工业大麻籽或工业大麻籽衍生产品降胆固醇、降血压和抗动脉粥样硬化的潜在能力,如大麻籽油、大麻籽粉或大麻籽蛋白水解物。Kaushal 等人研究表明,在高脂饮食中补充 10%工业大麻籽可显著改善血清参数(即降低总胆固醇、低密度脂蛋白和甘油三酯水平),对预防胆固醇过高和冠心病具有积极作用,这主要归因于工业大麻籽中较高含量的多不饱和脂肪酸以及植物甾醇,特别是β谷固醇。

更年期的女性,会因雌激素的缺乏而增加冠心病和其他与总胆固醇和低密度脂蛋白浓度升高有关的心血管疾病的发生风险,或产生抑郁、焦虑以及认知障碍等。Saberivand 等人研究表明,均衡饮食中补充 10%工业大麻籽可缓解包括心血管并发症在内的更年期并发症,防止雌激素水平下降导致的血脂异常和体重增加。工业大麻籽作为补充剂可以防止血浆雌激素水平的下降,这可能是由于工业大麻籽中存在植物雌激素。此外,有研究还观察到工业大麻籽膳食补充剂具有抗抑郁作用,并能防止血钙蓄积,促进骨骼稳态的形成。

Callaway 等人研究表明,膳食补充工业大麻籽,可增加皮肤角质层中神经酰胺(Cer)的含量,减少水分流失,改善皮肤干燥状况,促进新皮肤细胞的形成,有助于特应性皮炎症状的改善,有效改善皮肤质量和病理症状,减少皮肤干燥、瘙痒,减少患者皮肤用药。

1.5.3　工业大麻籽食品

在食品技术领域,由于工业大麻籽独特的组成和营养品质,现已被作为原料来改善食品的营养。使用工业大麻籽或其衍生物作为饲料添加剂,可提升饲料品质,改善动物性食品(如肉、蛋和奶)的品质。

1.5.3.1　工业大麻籽作为饲料添加剂

作为提高饲料质量的一种手段,工业大麻籽及其衍生物,特别是大麻籽油,可用作鸡、鸭和鹌鹑等家禽的饲料的添加剂,可改善肉的品质并提高蛋或肉的不饱和脂肪酸含量,包括二十碳五烯酸(EPA)和二十二碳六烯酸(DHA),不会影响蛋鸡和肉鸡的生产性能,包括采食量、蛋重、产蛋量、饲料转化率和重量。因此,这些产品可以在不影响安全性和有效性的情况下添加到饲料中。在动物饲料中添加工业大麻籽还可以提高奶的产量、质量和营养价值,特别是可以提升牛奶中的生育酚和不饱和脂肪酸含量,对人类健康有益。

1.5.3.2　工业大麻籽作为食品配料

工业大麻籽及其衍生物可作为配料添加到日常食品中,如面包、饼干、能量棒以及肉制品等。在小麦粉中添加大麻籽粉可显著降低面团的吸水率、稳定性、强度和淀粉糊化程度。相关研究表明添加大麻籽粉可增加面包的咀嚼性和硬度,改善面包的营养品质,增加总蛋白质、脂肪、酚类化合物、微量元素、可溶性膳食纤维和不溶性膳食纤维含量。

在肉制品中加入工业大麻籽或其衍生物可改善肉制品食用口感及营养价值。相关研究表明,在肝酱肉制品中添加工业大麻籽或其衍生物可明显改善产品的脂肪酸组成,显著提高产品硬度、咀嚼性和黏性,提升营养价值。在猪肉面包中添加工业大麻籽或其衍生物可显著增加蛋白质、灰分和总纤维含量,提高营养元素含量,改善脂肪酸组成,提升不饱和脂肪酸含量。

整体而言,研究人员正在努力开发营养和功能特性得到更大改善的工业大麻籽添加食品,但仍需要更加深入地研究,来确定最具功能性的工业大麻籽化合物及其分子机理和靶点,了解功能化合物的最适当浓度以及最适合的载体和基质,使其在人体内的生物利用度最大化,并使化合物能够到达靶部位,只有这样才能使摄入的产品起到预防疾病和有益健康的作用,并成为功能性食品。

尽管工业大麻具有很高的营养和保健功能,但在过去的几十年里,工业大麻籽一直作为副产品出现,最近几年才开始被深入研究。从营养学角度来看,工业大麻籽含有25%~35%的脂肪,不饱和脂肪酸含量达到90%,脂肪酸比例符合人体营养建议比例。此外,工业大麻籽含高抗氧化活性的生育酚以及植物甾醇,可使多不饱和脂肪酸免受氧化。工业大麻籽含20%~25%的蛋白质,具有较高的生物学价值,易消化,富含必需氨基酸,微量元素含量高。工业大麻籽除具有极高的营养价值外,还含生物活性化合物,包含独特的酚类化合物和生物活性肽,具有抗氧化、抗炎、保护神经、抗高血压、抗增殖和降胆固醇等活性。然而,工业大麻籽也含有一些抗营养化合物,可能会对蛋白质和矿物质的消化和生物利用率产生负面影响,尤其是胰蛋白酶抑制剂和植酸。

研究人员围绕工业大麻籽的营养成分和功能特性开展了一系列动物模型和人体研究,以研究工业大麻籽膳食补充的作用。研究表明工业大麻籽膳食补充对预防炎症和慢性退行性疾病有益。与此同时,研究了其对特应性皮炎的治疗作用。对工业大麻籽或其衍生物的研究表明,工业大麻籽用作家畜饲料添加剂时,可以有效改善蛋、奶和肉等动物性食品的脂肪酸组成。然而,相关研究仍然相对匮乏,部分研究只涉及大麻籽油,而且由于采用了不同的实验设计类型、添加剂剂量、实验期和给药方法,所以可比性不强。对于工业大麻籽或其衍生物在功能性食品开发中的潜在用途还需要进一步的研究。

1.6 研究内容

植物对低温的耐受性是影响其地理分布和生长季节的重要因素。对低温的耐受性在不同的植物物种之间差异显著,不同的物种可能存在不同的机制,不同的机制可能在不同的物种中起作用。为了在冷胁迫下生存,植物膜必须在日益寒冷和氧化的细胞环境中保持其流动性。不同物种对冷胁迫的反应包括膜脂的类型和不饱和水平的变化,但膜脂的精确影响往往因物种而异。膜动力学和其他低温耐受因子的调控受转录和转录后机制控制。

在过去的二十年里，测序技术的进步使转录图谱的广泛使用成为可能，研究人员得以深入了解冷胁迫下基因表达的变化及其调控，这使得研究人员能够研究各种内部和外部刺激下基因表达变化的全基因组模式。到目前为止，冷胁迫会导致每个物种的整体转录组发生广泛的变化。微阵列和基于转录组测序(RNA-seq)的研究一致表明，在拟南芥、水稻和玉米中，有10%~15%的基因在低温下有差异表达。早期的研究使用cDNA微阵列，只测量了拟南芥、水稻、小麦和其他几种植物中表达的基因的一部分，发现了数量较少的冷反应基因。

为了在冷胁迫下生存，植物必须在不断变化的温度条件下保持膜的完整性和流动性。完整性取决于流动性，因为膜必须保持最佳流动性，以避免泄漏或破裂。甘油脂质构成了膜的大部分，由一个极性的“头”通过甘油连接到两个脂肪酸“尾”上。脂肪酸可以是完全饱和的，尾部没有双键，或者在特定的位置是不饱和的。饱和程度影响脂肪酸如何适应膜的其余部分，并影响膜在不同温度下的流动性。此外，脂质的头部基团与尾部脂肪酸的相对大小也影响适合性和流动性。因此，头部基团或尾部脂肪酸的变化会影响膜的整体流动性。在膜对低温反应的研究中，甘油脂质是最常被量化的脂质类型。越来越多的证据表明甘油脂质在低温耐受性中起作用，然而，在低温应激研究中量化它们的频率要低得多，这限制了目前从跨物种比较中得出关于一组核心反应的结论的可行性。已报道的一些甘油三酯对低温的适应性包括尾部脂肪酸的不饱和度增加，不同脂质基团之间的转换，这些都会破坏膜的稳定。

在此，本书研究侧重于制约工业大麻产业发展的低温冷害问题，以研究“工业大麻幼苗冷响应机制”这一问题为主线，以工业大麻脂质代谢途径在冷胁迫应答中的作用为切入点，综合采用生物化学、生物信息学、分子生物学、功能基因组学及多组学关联分析等手段，解析冷胁迫下工业大麻幼苗脂代谢的分子机理，在理论上为阐明脂质代谢调控途径在工业大麻冷响应过程中的分子机理提供理论依据，在应用上为采用分子育种方法培育耐冷工业大麻新品种提供基因资源。

1.6.1 冷胁迫下工业大麻生理响应及基因表达情况分析

对低温处理下工业大麻幼苗进行叶绿素含量、光合作用参数等生理指标测定,明确冷胁迫处理下工业大麻的生理及表型变化。利用低温处理下工业大麻幼苗叶片转录物组测序数据获取生理参数相关的基因表达信息,进行生理表型变化和差异基因的关联分析。

1.6.2 冷胁迫下工业大麻叶片膜脂脂质组分分析及膜脂代谢调控网络构建

低温下工业大麻幼苗叶片转录物组学分析:利用高通量转录物组测序技术对低温处理条件下工业大麻叶片进行转录物组学分析。对转录物组测序获得的差异表达基因进行功能注释及富集分析,并对参与工业大麻叶片低温冷响应的基因、转录因子、信号转导以及激素调节的相关基因进行统计分析。

工业大麻叶片膜脂脂质组分分析:利用脂质组学检测技术,全面分析组成工业大麻叶片细胞膜的主要磷脂类、形成叶绿体类囊体膜的主要糖脂类以及其他脂质代谢中间产物的变化。利用高效气相色谱、液相色谱和质谱联用技术从生化水平上分析组成细胞膜的主要磷脂类[PC、PA、PE、磷脂酰丝氨酸(phosphatidylserine,PS)、PI 等]、形成叶绿体类囊体膜的主要糖脂类(MGDG、DGDG、SQDG 等),以及其他脂质代谢中间产物的变化,观察工业大麻响应冷胁迫过程中脂质代谢的变化。

冷胁迫下工业大麻叶片膜脂代谢调控网络构建:利用低温处理下工业大麻幼苗叶片转录物组测序数据筛选脂质相关差异表达基因,并与脂质组数据进行整合,将相关基因与差异代谢物拟合到相关代谢途径上,明确冷胁迫下工业大麻叶片的脂质代谢调控模式,并构建冷胁迫下工业大麻叶片膜脂代谢调控网络。

1.6.3 工业大麻 *DGAT* 基因家族鉴定及功能研究

1.6.3.1 工业大麻 *DGAT* 基因家族鉴定

运用生物信息学方法在工业大麻全基因组水平鉴定分离工业大麻 *DGAT* 基因家族成员,分析其编码序列及预测的蛋白质序列的结构特征,包括序列同源性搜索、信号肽预测、功能结构域预测、跨膜结构预测、底物结合位点和辅基结合位点分析等。

1.6.3.2 工业大麻 *DGAT* 基因家族基因在不同时空、非生物胁迫下的表达模式分析

通过对工业大麻进行不同非生物逆境胁迫和激素处理,对不同处理、不同生长发育阶段和不同组织部位的工业大麻组织材料进行实时荧光定量聚合酶链反应(RT-PCR)表达分析,明确工业大麻 *DGAT* 基因家族成员对逆境胁迫和激素处理应答模式,以及不同生长发育时期和组织器官时空的表达模式。

1.6.3.3 工业大麻 *DGAT* 基因功能鉴定

以完成全基因组测序的工业大麻品种“Finola”为实验材料,采用分子克隆方法获取候选基因,对响应冷胁迫的主要 *DGAT* 家族成员进行全基因克隆,并构建植物表达载体,转化拟南芥(*DGAT* 基因敲除突变体 AS11),并对转基因植物的生物学功能进行分析,揭示 *DGAT* 基因在植物抗逆反应中的功能及其可能的调控机制。

1.7 研究目的与意义

工业大麻是植株群体花期顶部叶片及花穗干物质中的四氢大麻酚含量小于0.3%,不能直接作为毒品利用的大麻作物品种类型,是一种生态环保、可再生的高值生物质资源,符合低碳经济发展方向,是种植业结构调整的首选经济

作物。工业大麻籽又称火麻仁,具有独特的脂肪酸组成特征,含有高达90%的不饱和脂肪酸,其中多不饱和脂肪酸高于70%,富含天然抗氧化物及生物活性物质,具有广泛的药用和食用价值。郑玄注《周礼·天官·疾医》中将其列为五谷(麻、黍、稷、麦、豆)之首。

黑龙江省作为全国合法开放性种植工业大麻的两个区域之一,其地理纬度较高,是东北三省中低温冷害最强、频率最高的省份,工业大麻幼苗在春季经常遭受低温冷害的侵袭,影响工业大麻籽的产量及品质。目前,世界范围内已有30余个国家工业大麻种植合法化并开始大面积种植、开发和利用工业大麻。世界范围内对工业大麻的需求日益增加,促使工业大麻种植区域不断向高海拔、高纬度地区扩张。在工业大麻种植区域由热带、亚热带向高海拔、高纬度地区扩张时,工业大麻籽的产量及品质将受到影响,严重制约工业大麻产业发展。低温制约植物的生长和发育,限制作物产量和品质提升。工业大麻基础研究起步较晚,尤其是冷胁迫下工业大麻脂质代谢机制方面的基础研究较其他开放性种植作物存在较大差距。因此,工业大麻品质调控基因的冷响应机理研究对于提高工业大麻籽的产量及品质、提升工业大麻耐冷能力以及扩大工业大麻种植范围具有重要的理论意义和生产实践价值。

培育工业大麻耐冷品种是提升工业大麻耐冷性最为直接有效的手段。然而,工业大麻是异花授粉作物,遗传背景复杂,传统育种方法进展缓慢。近年来伴随转基因育种技术及工业大麻遗传转化体系的逐步完善,分子育种成为培育工业大麻新品种的快速、有效途径,因此挖掘工业大麻冷响应关键基因,明确工业大麻耐冷机制对培育高品质工业大麻耐冷品种具有重要意义。

植物在长期的进化过程中形成了对低温不同程度的适应能力,可对冷胁迫做出响应,这是一个复杂的涉及生理生化和分子变化的过程。不同的植物对低温的耐受性差异很大,可能存在不同的作用机制,最明显的是膜脂相变,受甘油酯分子的脂肪酰基不饱和度及膜脂类型的影响。植物脂质及其代谢中间产物是组成生物膜的重要组分和活跃的信号分子,因此,植物脂质代谢水平极易受到环境因素影响。已有研究表明TAG的生物合成不仅局限于种子,且广泛存在于营养组织中,其在叶甘油脂质中占比很小(小于1%),胁迫条件下,TAG含量升高,在甘油磷脂生物合成及逆境响应过程中发挥关键作用。在拟南芥、小麦和玉米等植物中已有研究揭示TAG合成途径的平衡与冷胁迫有关。调控脂质代谢的复杂机制是植物冷适应的基础,但研究者对它们与植物耐冷性的相关性却知之甚少。当前对冷胁迫下工业大麻脂质代谢调控网络的冷响应机制尚不明确。

植物通过调控基因转录影响自身新陈代谢水平,这在一定程度上依赖于大量冷调节基因和转录因子的协调作用。植物细胞可感知外界低温发生膜硬化效应,诱使脂质信号增强。脂质代谢对冷胁迫的响应是通过全面调节作用于脂质代谢途径的基因和酶实现的。参与植物脂质合成的基因在转录水平上可受环境因子调控,从而在转录水平上对环境胁迫做出响应。

DGAT 是肯尼迪途径唯一的限速酶,包含 DGAT1、DGAT2、DGAT3 和 WSD 四个亚家族,控制着 TAG 合成的最后一步。DGAT 一方面决定中性甘油酯 TAG 的合成速率,其底物亲和性对不饱和脂肪酸形成具有关键作用,另一方面是生物膜的重要组分磷脂和糖脂合成的重要底物竞争者,因而其编码基因在协调脂质代谢过程中起关键作用。研究表明,冷胁迫下 PC 转化为 TAG 的转化率更高,说明膜和非膜脂质成分均可对环境产生适应性变化。耐冷植物在冷驯化过程中 *DGAT1* 基因的表达高于敏感植物,促使 TAG 在冷胁迫中积累以响应冷胁迫。冷胁迫下拟南芥通过 *DGAT2* 基因将 DAG 转化为 TAG 以提升植物耐冷性。然而,目前对于工业大麻中包含多少 *DGAT* 基因,其成员在冷胁迫下的表达模式,以及其作为脂质合成途径的限速基因调控冷胁迫下工业大麻的脂质代谢的生物功能及分子机理尚不明确。

综上所述,关于冷胁迫下工业大麻脂质代谢调控网络的研究需进一步完善,关于 *CsDGAT* 的冷响应功能及作用机制有待深入研究。以籽用型工业大麻品种“龙大麻 9 号”为研究材料,对冷胁迫下工业大麻生理指标进行测定,发现冷胁迫会破坏细胞膜结构,抑制光合作用,降低生物量积累效率。转录物组学分析结果显示,冷胁迫下工业大麻脂质代谢途径被激活,大量脂质合成相关基因上调表达,其中甘油三酯生物合成、磷脂信号及真核磷脂合成途径的显著上调表达基因最丰富。在此基础上,在全基因组水平鉴定分离 10 个 *CsDGAT* 基因家族成员,并通过冷胁迫下的转录组数据实时荧光 PCR 实验技术初步分析 *CsDGAT* 基因家族的冷响应功能,确定以上调表达较为明显的 *CsDGAT* 为实验对象开展脂质代谢关键基因冷响应机制研究工作。前期研究基础说明工业大麻脂质信号途径及限速酶编码基因 *CsDGAT* 在工业大麻冷响应过程中具有重要作用,值得更加深入细致地研究。本书将以冷胁迫下工业大麻脂质代谢关键基因 *CsDGAT* 介导的脂质代谢调控模式入手,开展冷胁迫下 *CsDGAT* 基因冷响应功能及分子机理研究。着眼于制约工业大麻产业发展的低温冷害问题,以研究“工业大麻幼苗冷响应机制”这一科学问题为主线,以工业大麻脂质代谢途径在冷胁迫应答中的作用为切入点,综合采用生物化学、生物信息学、分子生物学、功能基因组学及多组学关联分析等手段,解析冷胁迫下工业大麻幼苗脂代谢的分子机理,在理论上为阐明脂质代谢调控途径在工业大麻冷响应过程中的分子机理提供理论依据,在应用上为采用分子育种方法培育耐冷工业大麻新品种提供基因资源。

第 2 章　冷胁迫下工业大麻幼苗生理响应

黑龙江省是我国工业大麻合法化种植区域，属于寒温带与温带大陆性季风气候，工业大麻幼苗在春季经常遭受低温冷害的侵袭，影响工业大麻籽的产量及品质，因此，工业大麻幼苗响应冷胁迫的机理研究对于提高工业大麻耐冷能力具有重要的理论意义和生产实践价值。本章通过对冷胁迫下工业大麻生理指标的测定，明确冷胁迫下工业大麻的生理响应模式，尤其是与脂质代谢相关的生理指标，如膜脂过氧化程度、电解质渗透率、渗透调节物质以及叶绿素含量等指标，为探究脂质代谢在冷胁迫下的作用奠定理论基础。

2.1　实验材料与方法

2.1.1　植物材料

本章采用实验室自育籽用型品种“龙大麻 9 号”，选择相同大小、饱满、健壮的工业大麻种子，使用 10%次氯酸钠对其灭菌 20 min 后用蒸馏水反复冲洗 3 次，浸种 12 h，4 ℃条件下春化 5 天后催芽，催芽 2 天后挑选生长状态一致的种子移至水培箱进行培养，水培箱内装有 1/80 的 Hoagland 营养液，每周更换 1 次营养液。待幼苗生长至 4 对真叶期后进行 4 ℃处理，以 25 ℃条件下培养的幼苗为对照组，分别于第 0、1、3、5、7 天取样，取样后进行液氮速冻，于-80 ℃保存，以备后续实验。

2.1.2　生长指标测定

每组样品选取生长状态一致的 10 株幼苗。将工业大麻幼苗地上与地下部分分离，对其植株高度、根长和鲜重进行测量记录，置于烘箱进行 105 ℃、15 min 杀青后，于 80 ℃下烘干至恒重，称取干重。

2.1.3　生理指标测定

叶片相对含水量按王士梅等人的描述进行测定。相对电导率采用电导率仪（DDSJ-308F)进行测定。

按 Song 等人的方法测定叶片的电解质渗漏率。

按 Chen 等人的描述测量丙二醛含量。具体步骤如下。

取 0.5 g 工业大麻叶片于预冷的研钵中，加 5 mL 酶提取缓冲液（10%三氯乙酸，TCA），在冰浴上研磨成匀浆。以 10 000 r/min 离心 10 min，上清液即为待测酶提取液，每个样品 3 个生物学重复。向干净试管内加入 0.6%硫代巴比妥酸 2 mL，分别向对照试管与待测试管中加入 2 mL 蒸馏水和 2 mL 上清液。混合后经 100 ℃水浴 15 min，迅速冷却后以 4 000 r/min 离心 10 min。将上清液分别在波长为 450 nm、532 nm、600 nm 处测定光密度（OD）值，并计算丙二醛含量。

叶绿素含量的分析参照 Li 等人的描述。取低温处理的工业大麻叶片，测定工业大麻叶片内的叶绿素含量，测定步骤如下。

取新鲜工业大麻叶片，称取 0.5 g 于研钵内，向研钵中加入丙酮 10 mL，研磨成匀浆后进行离心，离心后取上清液用 80%丙酮定容至 20 mL。取上述色素溶液 1 mL，同时以 80%丙酮作为对照，分别测定 663 nm、645 nm 和 470 nm 的 OD 值，最终计算含量。

超氧化物歧化酶（SOD）活性测定：取低温处理的各工业大麻叶片，测定工业大麻叶片内的 SOD 活性，测定步骤参考李玲等人的测定方法，步骤如下。

取 0.5 g 工业大麻叶片于预冷的研钵中，加 5 mL 酶提取缓冲液（磷酸缓冲溶液，pH=7.8），在冰浴上研磨成匀浆。以 10 000 r/min 离心 10 min，上清液即为待测酶提取液，每个样品 3 个生物学重复。取 3 支对照试管（玻璃），向对照试管和待测样品试管中分别加入 1.5 mL 的 0.05 mol/L 磷酸缓冲溶液及其他混合液，终体积为 3 mL。混匀后将 1 支对照试管置于暗处，其他试管置于 4 000 lx 日光下反应 15~20 min，反应温度为 25~35 ℃。反应结束后，将暗处的对照试管作为空白，分别测定其他试管在波长为 560 nm 下的吸光度，并计算活性，最终以 $\mu g \cdot g^{-1}$FW 表示。

3,3-二氨基联苯胺（DAB）染色：分别取冷胁迫处理第 0、7 天的工业大麻叶片，用无菌去离子水清洗干净后，置于 50 mL 离心管中，移液器吸入 25 mL DAB 染色液（pH=3.8），叶片充分浸入染色液中，避光孵育过夜，染色液弃去后以加入10%甘油的95%乙醇进行沸水浴脱色。叶绿素完全去除后进行拍照，叶片置于载玻片上，滴加75%甘油并铺平整，于显微镜下观察染色情况，每个处理重复3次。于室温染色过夜后，用脱色液进行沸水浴脱色，直至对照叶片变白。

氮蓝四唑（NBT）染色：取冷胁迫处理第0、7天的工业大麻叶片，置于50 mL离心管中，使用移液器吸入25 mL NBT染色液，室温染色过夜。染色结束后，用脱色液进行沸水浴脱色，直至对照叶片变白。

2.1.4　数据处理与分析

用Excel 2003对数据进行整理，用SPSS 21.0软件进行单因素方差分析，采用邓肯多重范围检验法进行多重比较及差异显著性分析，图表数据均为3次或3次以上重复测量的平均值。采用GraphPad Prism软件进行数据处理和绘图。

2.2　结果与分析

2.2.1　冷胁迫对工业大麻幼苗生长指标的影响

为评估冷胁迫对工业大麻植株生长的影响，对冷胁迫下工业大麻生长指标进行测定。形态指标测定结果显示，冷胁迫抑制了工业大麻地上和地下部分的生长（如图2-1所示，原始数据见附表1），处理7天后工业大麻植株高度和根长均显著降低，相较于对照组分别下降11%和14%。地上和地下部分干重、鲜重均在处理3天后开始显著降低，且随处理时间延长下降幅度呈增加趋势，植株总鲜重下降比例在处理3~7天由29%增至37%，植株总干重下降比例由17%增至22%。以上结果表明，冷胁迫显著抑制了工业大麻地上和地下部分的生长，影响了植株高度、根长和生物量积累。

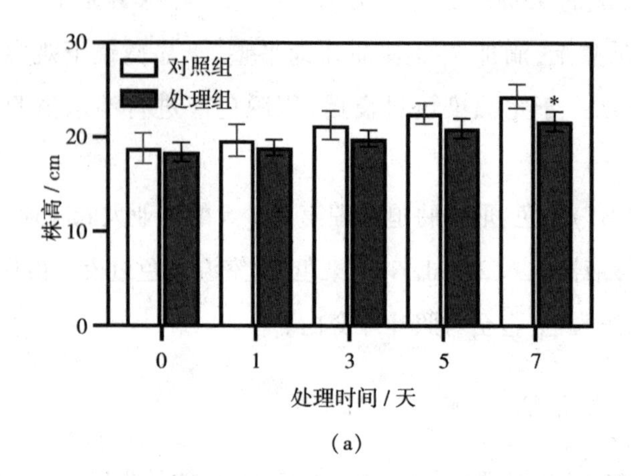
对照组
处理组
株高 / cm
30
20
10
0
*
0
1
3
5
7
处理时间 / 天

(a)

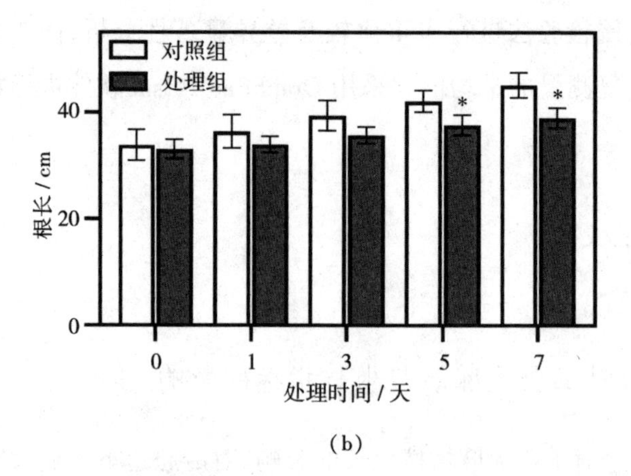
对照组
处理组
根长 / cm
40
20
0
*
*
0
1
3
5
7
处理时间 / 天

(b)

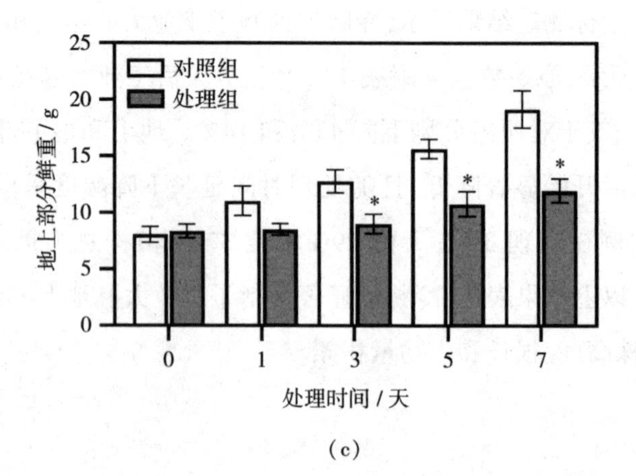
对照组
处理组
地上部分鲜重 / g
25
20
15
10
5
0
*
*
*
0
1
3
5
7
处理时间 / 天

(c)

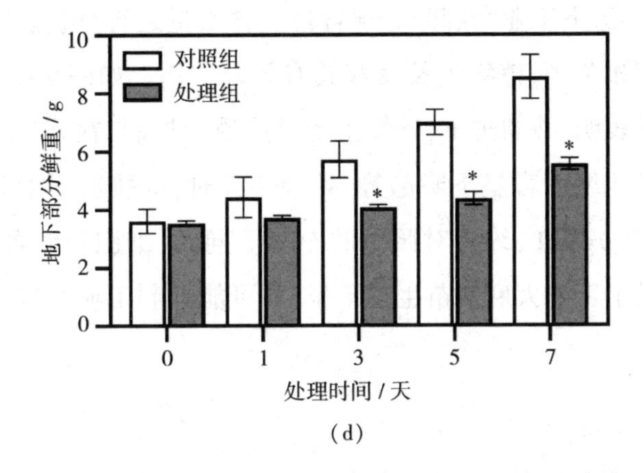

(d)

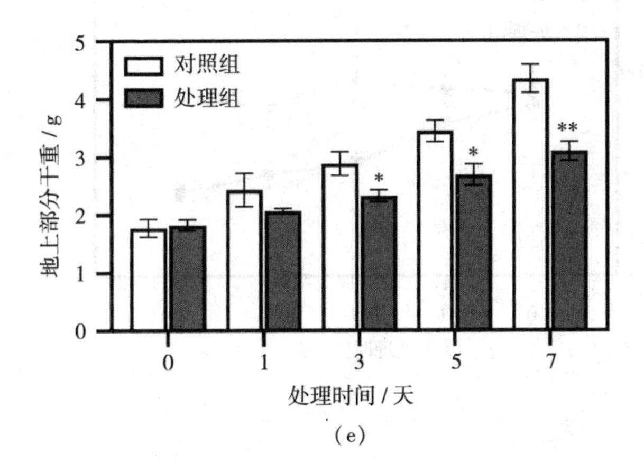

(e)

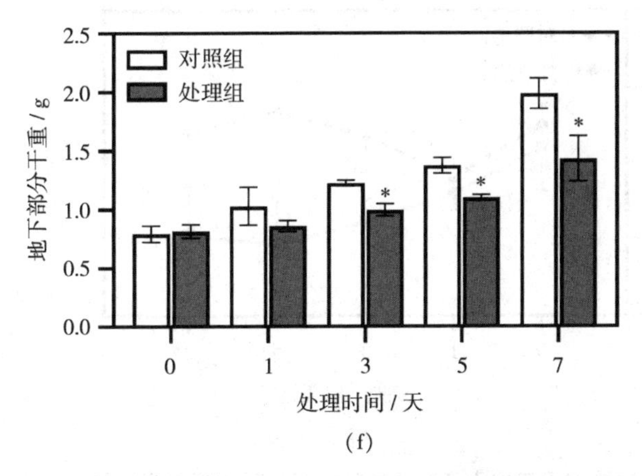

(f)

图 2-1　冷胁迫下工业大麻的生长指标测定结果

此外,对冷胁迫下工业大麻叶绿素含量及含水量进行分析。叶绿素与植株光合作用密切相关,对植物生长发育具有关键作用。如图 2-2 所示,叶绿素含量测定结果表明,冷胁迫下,叶绿素的合成受到抑制,在处理 1 天后叶绿素含量相较于对照组而言呈下降趋势,处理 7 天时,冷胁迫下工业大麻叶绿素含量仅为 0.12 μg/mL,约为对照组的 50%。同时,细胞相对含水量降低,说明冷胁迫造成了工业大麻幼苗生理干旱,并可能抑制工业大麻幼苗的光合作用。

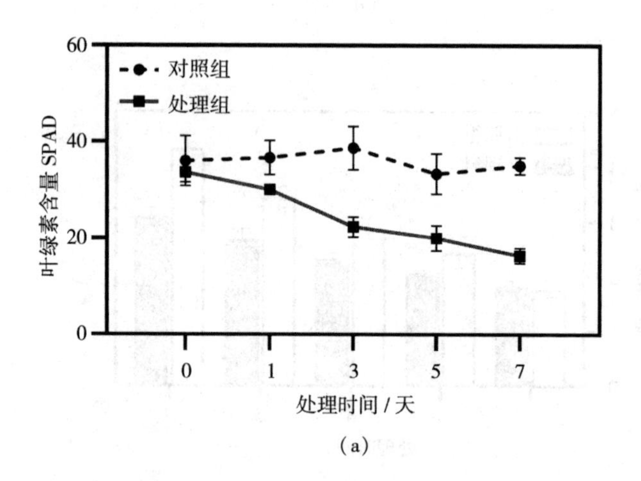

(a)

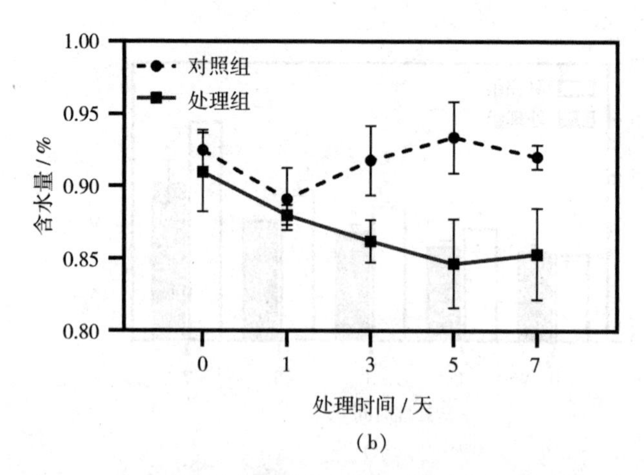

(b)

图 2-2　冷胁迫下工业大麻叶片的叶绿素含量和相对含水量测定结果

2.2.2　冷胁迫对工业大麻细胞膜完整性的影响

丙二醛是膜脂过氧化的主要产物之一，其含量高低可反映植物膜损伤程度，是冷胁迫下膜结构完整性的重要评价指标，可用于评价植物的损伤程度。由图 2-3 可以看出，在低温处理下工业大麻幼苗丙二醛含量整体呈上升趋势，且在处理的 1~5 天上升速率较大，表明随处理时间延长植株膜损伤加剧，但在处理 7 天时上升速率有减小趋势，说明植物体内存在适应机制，处理一段时间后可对外界胁迫产生适应性机制。

生物膜是植物应对外界胁迫的第一道屏障，其完整性在植物应对逆境胁迫过程中占有重要地位，膜损伤与冷胁迫后的代谢反应密切相关，膜损伤可导致膜透性变化，电解质渗透量增加。如图 2-3 所示，随着冷胁迫时间延长，工业大麻幼苗叶片的相对电导率逐渐增加，且呈 S 形上升趋势。在处理的第 1、3、5、7 天的相对电导率分别为 24.0%、48.9%、70.0%和 75.7%，表明随冷处理时间延长，工业大麻幼苗叶片受损伤程度不断增加，细胞膜渗透性持续增加。

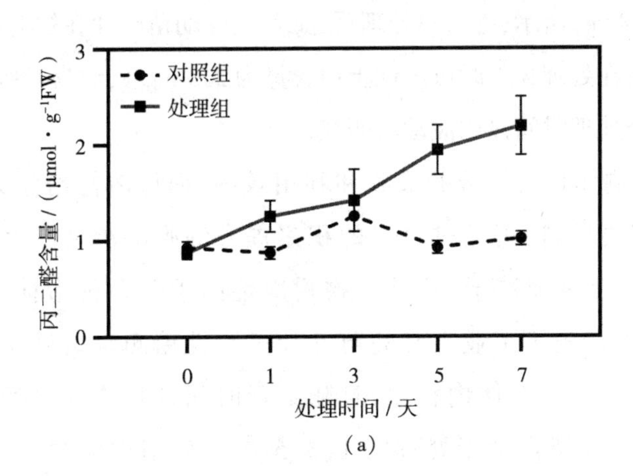

(a)

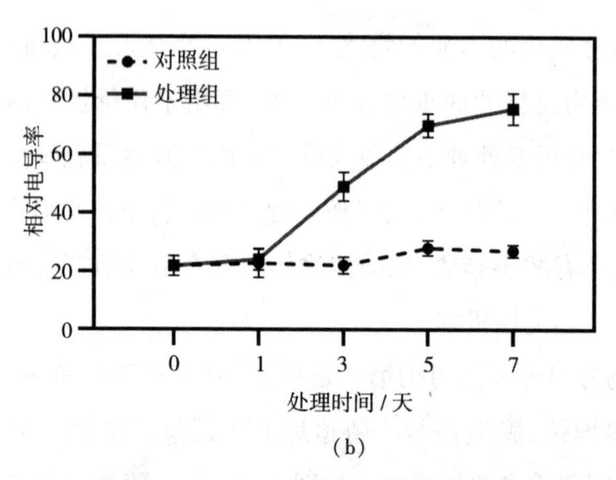

(b)

图 2-3 冷胁迫下工业大麻叶片的丙二醛含量和相对电导率测定结果

2.2.3 冷胁迫对工业大麻幼苗叶片渗透调节物质的影响

可溶性蛋白是植物的一种重要的渗透调节物质,冷胁迫下可溶性蛋白的积累能提高植物细胞的保水能力,对植物细胞内的生物活性物质和生物膜具有保护作用。如图 2-4(a)所示,冷胁迫处理后,工业大麻幼苗叶片在短时间内迅速积累可溶性蛋白,在处理 3 天时可溶性蛋白含量为 2.3 mg/g,约为对照组的 1.5 倍,对照组在整个处理时间段内波动不明显。

冷胁迫可影响作物对水分的吸收和利用效率,而可溶性糖作为植物细胞新陈代谢的主要原料,可通过自身的积累提升细胞的渗透浓度,增加细胞的保水能力,避免生理性干旱,是植物耐冷性的重要评价指标之一。如图 2-4(b)所示冷胁迫下工业大麻幼苗叶片可溶性糖测定结果显示,冷胁迫下工业大麻可溶性糖在体内积累,且随处理时间延长浓度逐渐升高,相较于对照组,可溶性糖含量于处理的 1、3、5、7 天分别增加约 37%、42%、22%和 75%。

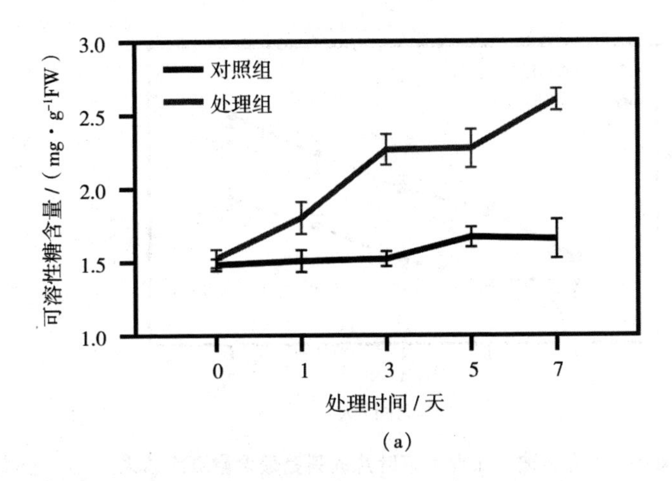

(a)

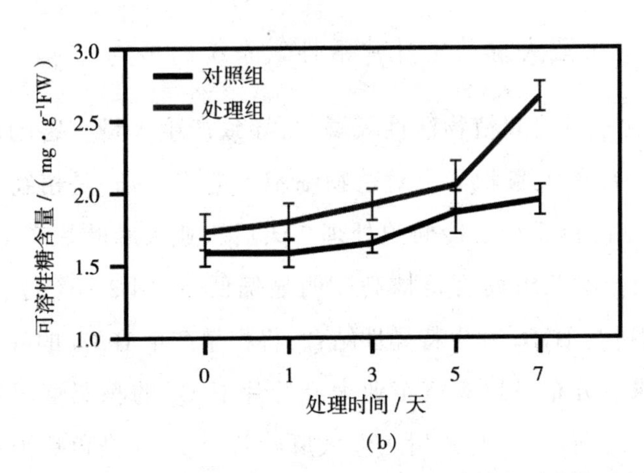

(b)

图 2-4 冷胁迫下工业大麻叶片的可溶性物质含量测定结果

脯氨酸是一种广泛分布于植物体内的渗透调节物质,植物可以通过调节自身脯氨酸的合成防止逆境胁迫对植物细胞造成损伤。如图 2-5 所示,冷胁迫下工业大麻幼苗叶片的脯氨酸含量随处理时间的延长逐渐上升,且始终高于对照组,在处理 7 天时脯氨酸含量达到最大值,约为对照组的 1.2 倍。

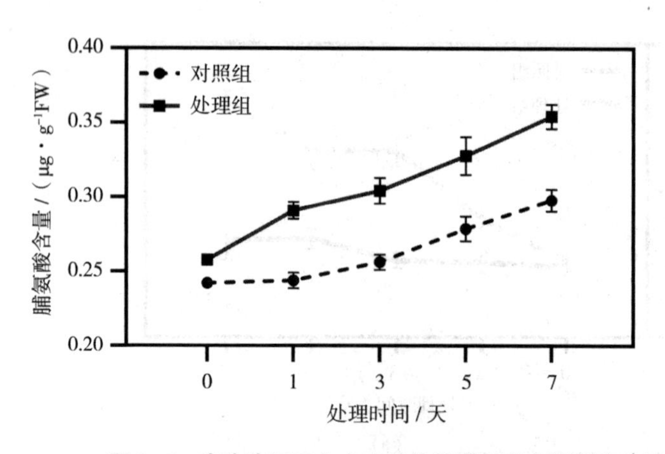

图 2-5　冷胁迫下工业大麻叶片的脯氨酸含量测定结果

2.2.4　冷胁迫对工业大麻幼苗叶片活性氧系统的影响

非生物逆境胁迫可引起植物活性氧爆发，导致产生大量有害的活性氧物质，如 H_2O_2 和 O_2^- 的大量积累会对植物细胞膜造成损伤，是植物抵抗外界胁迫环境的早期防御反应。冷胁迫处理 7 天后工业大麻叶片产生萎蔫、下垂情况，且相对于对照组而言植株高度明显偏低，如图 2-6(a)、(b)所示。DAB 染色液可与 H_2O_2 发生特异性结合，将积累产生 H_2O_2 的叶片染成褐色，通过颜色深浅分布可以观察工业大麻叶片 H_2O_2 的积累情况和分布状态。如图 2-6(c)所示，冷胁迫后工业大麻叶片经 DAB 染色后形成明显颜色沉积，而对照组则没有明显变化，表明冷胁迫诱导了 H_2O_2 在工业大麻叶片中的大量积累。

超氧阴离子自由基(·O_2^-)是一种含氧自由基，可将 NBT 还原成不溶于水的蓝色化合物，可定位植物组织中的·O_2^-，颜色深浅与·O_2^- 含量成正比。采用 NBT 染色法对工业大麻冷处理后的叶片进行染色，结果表明冷胁迫诱导了工业大麻叶片中·O_2^- 的产生，如图 2-6(d)所示。

逆境胁迫下，活性氧的产生与清除始终保持动态平衡状态，SOD 和过氧化物酶(POD)是植物体内重要的酶，可清除有害的过氧化物，将对植物有害的自由基还原成无害的水和氧分子，防止膜脂过氧化的发生，是衡量植物耐逆性的重要指标。研究表明，冷胁迫下工业大麻体内SOD和POD活性在冷胁迫开始后始终保持上升状态，随处理时间的延长始终高于对照组，且均在处理7天时达到峰值，SOD活性约为对照组的2倍，POD活性约为对照组的3倍，如图2-6(e)、(f)所示。说明冷胁迫下，工业大麻可通过提升SOD和POD活性来响应冷胁迫。

(a)

(b)

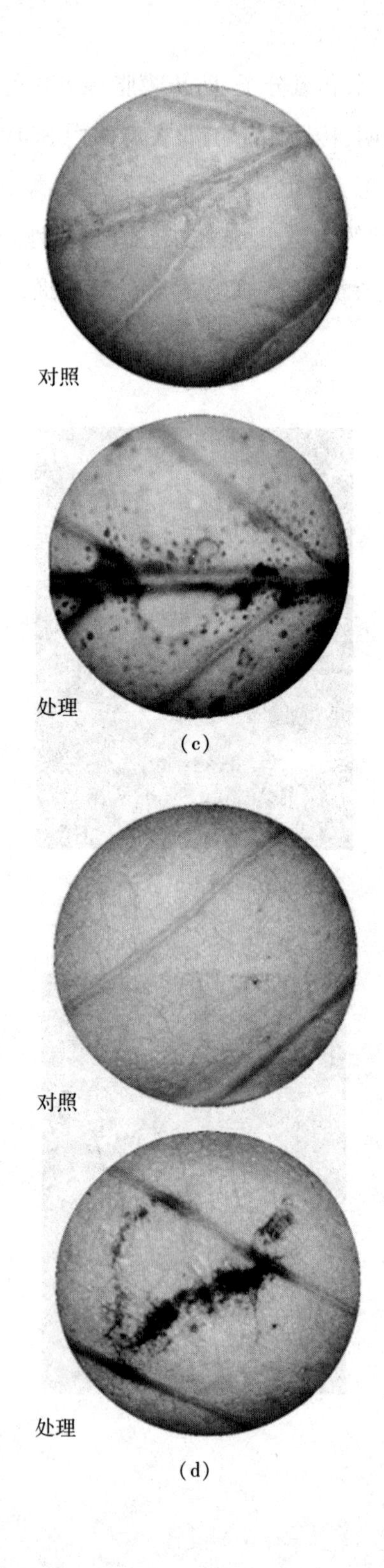

(c)

(d)

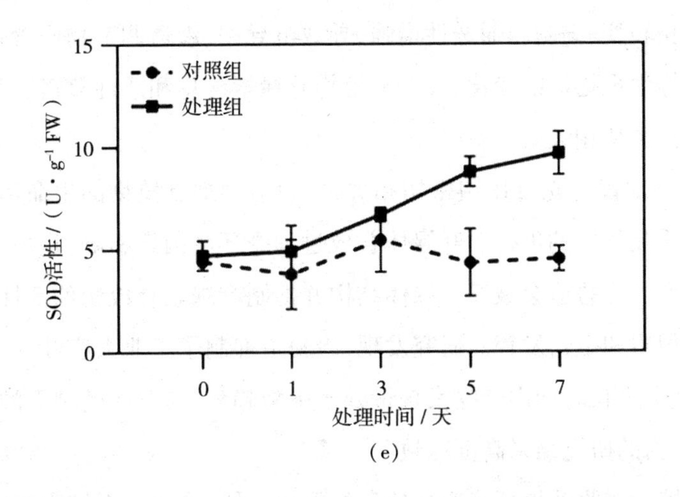

(e)

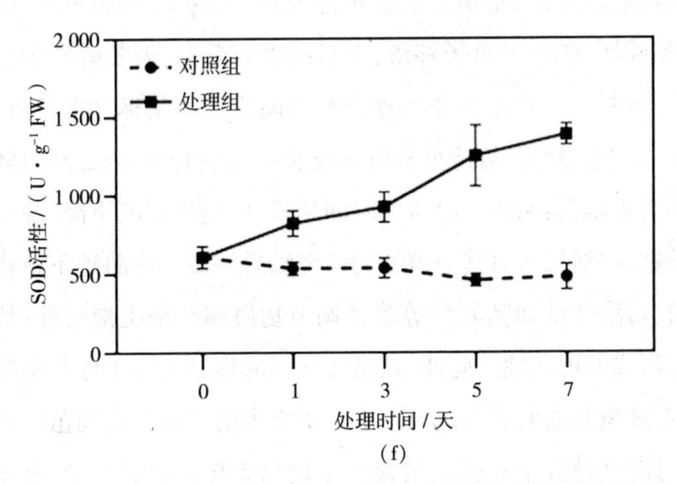

(f)

图 2-6　冷胁迫下工业大麻叶片的抗氧化体系测定结果

2.3　讨论

低温是限制植物生长发育、地理分布以及产量和品质提升的主要环境因子。在长期的植物进化过程中，植物可通过调节自身生理代谢水平增强对冷胁迫的耐受性。植物耐冷性受多个方面因素的影响，细胞膜是植物应对外界胁迫的第一道屏障,其完整性和流动性是冷适应的物理基础。冷胁迫下,细胞膜由液晶相向凝胶相转变,细胞膜通透性增强,导致电导率、渗透调节物质含量和膜脂过氧化水平等生理指标的变化。此外,植物叶绿素含量和活性氧清除系统也与植物的耐冷性密切相关。

植物的生长发育与光合作用密切相关,冷胁迫会抑制植物的生命活动,干扰光合作用和呼吸作用的进行。叶绿体合成过程受环境因素影响,是一个高度复杂有序的过程。冷胁迫会破坏叶绿体结构并抑制叶绿素合成酶的活性,进而抑制生物量的积累和生长发育。研究发现,冷胁迫抑制了工业大麻叶片叶绿素的合成,且在整个生长时期内叶绿素含量处于下降趋势,与对冷处理下的玉米、水稻、高粱等作物的研究结果高度一致。

细胞膜是植物接收外界环境变化信息的重要受体,冷胁迫下细胞膜的生理变化可反映膜系统的稳定性,是衡量植物抗性的重要指标。冷胁迫下,膜透性改变,完整性遭到破坏,细胞内离子外渗,引起电导率升高,丙二醛作为膜脂过氧化作用的主要产物,与电导率常作为评价植物耐冷性的指标。本章研究中,工业大麻幼苗叶片的电导率随着冷处理时间延长而逐渐升高,丙二醛也随处理时间延长而在体内积累,表明随着冷胁迫时间延长,膜透性不断下降,冷胁迫下膜脂损伤更加严重,此结果与对其他植物的研究结果一致。冷胁迫下植物可以通过可溶性蛋白、可溶性糖和脯氨酸等渗透调节物质调节细胞渗透势,从而减小植物细胞冰晶形成的可能性。此外,脯氨酸含量的提升有助于保持细胞膜完整性,提高植物对环境胁迫的适应能力。本章研究表明工业大麻幼苗叶片的可溶性蛋白含量、可溶性糖含量和脯氨酸含量变化趋势与丙二醛含量、电导率相似,整体呈上升趋势。

冷胁迫与其他非生物胁迫相同,均会诱导活性氧产生,活性氧可导致膜脂过氧化发生,严重时会引起植物组织坏死。一般而言,耐冷性强的植物能以更高的速率清除活性氧,防止膜脂过氧化损伤加剧。抗氧化酶系统和非酶系统组成了植物的抗氧化系统,两者可在冷胁迫下同时发挥作用,以清除植物细胞内因氧代谢失衡而积累的活性氧,抑制脂质的过氧化反应,提高冷胁迫下的光合作用速率,从而提高植物对低温的耐受性。SOD 和 POD 可使超氧阴离子和过氧化氢转化成水和氧分子,以缓解活性氧积累对细胞造成的损害。本章研究表明,冷胁迫下工业大麻的 SOD 和 POD 含量随冷胁迫处理时间延长而逐渐升高,说明 SOD 和 POD 活性对于工业大麻响应冷胁迫、降低冷损伤具有重要作用。

现如今,关于工业大麻冷响应生理机制的研究相对较少,进一步探究工业大麻的生理响应机制,筛选更加优质的耐冷品种,对今后工业大麻的产业发展具有重要意义。在今后的育种工作中,宏观上可通过对植物形态指标以及生理生化指标的研究来鉴定工业大麻耐冷品种,微观上可进一步对冷胁迫下工业大麻的基因转录调控水平进行研究,从而深化工业大麻耐冷性的评价内容。目前大量与植物冷诱导表达相关的基因已经被鉴定和分离,但在工业大麻耐冷基因方面的研究较少,今后应从分子层面入手,通过分子育种手段培育出耐冷性较好的工业大麻品种。

2.4　小结

通过对冷胁迫下工业大麻幼苗生长指标、膜脂过氧化水平、渗透调节物质含量及活性氧系统等生理指标的研究,表明冷胁迫下工业大麻存在生理响应。在冷胁迫过程中,低温抑制了叶绿素的合成及工业大麻生长发育的进程,表明低温对工业大麻光合作用及生长发育具有抑制作用。冷胁迫过程中,随着时间延长,工业大麻幼苗叶片的膜透性增大,离子渗透加剧,膜脂过氧化水平加剧,活性氧在细胞内积累,膜损伤程度加深。在响应冷胁迫过程中,工业大麻通过增加渗透调节物质及提升保护酶活性,缓解冷胁迫对植物细胞造成的损伤,以提升耐冷能力。

第3章　冷胁迫下工业大麻脂质代谢调控机制

脂质代谢在植物的冷响应机制中具有重要作用。脂质广泛分布在植物界,在一些高等植物的生殖组织中大量存在。膜脂在应对冷胁迫时,脂质不饱和度增加,使膜脂由凝胶相向液晶相转变。这一过程中脂肪酸脱饱和酶发挥重要作用,调控这些酶的活性会影响甘油骨架上多不饱和脂肪酸的数量,最终调控植物对冷胁迫的敏感性。脂质代谢过程会在转录水平上引发一系列的变化,导致基因不同程度的表达。在过去的几十年里,人们对这一过程采取了从化学到质谱分析等诸多方法进行描述,代谢组学和转录物组学相结合是描述这些复杂机制和理解冷胁迫下脂质代谢反应的关键。本章采用多组学联合分析方法解析工业大麻冷响应机制,采用更高灵敏度的超高效液相色谱-质谱法(LC/MS),对含量少、组成和结构复杂的脂质成分进行靶向绝对定量检测,结合转录物组测序方法构建冷胁迫下脂质代谢调控网络,以期明确脂质代谢途径关键基因与冷胁迫应答的关系,为培育耐冷工业大麻新品种提供理论依据和基因资源。

3.1 实验材料与方法

3.1.1 植物材料

以籽用型工业大麻品种“龙大麻9号”为实验材料,选择相同大小、饱满、健康的工业大麻种子,使用10%次氯酸钠对其灭菌20 min后用灭菌蒸馏水反复冲洗3次,浸种12 h,春化5天后催芽。选择萌发良好的种子,播种在高温灭菌土中,在人工气候室培养。待幼苗生长至4对真叶期后于4 ℃条件下进行冷胁迫处理,以25 ℃条件下培养的幼苗为对照组。使用无菌剪刀剪下生长状态相同的冷处理后72 h的工业大麻幼苗叶片,每个样本6次生物学重复。立即标记样本并放置在液氮中,于-80 ℃保存。

3.1.2 转录物组学分析

转录物组(transcriptome)是连接基因组(遗传信息)与蛋白质组(生物功能)之间的纽带,是研究基因表达的主要手段。转录物组广义上是指某一生理条件下,细胞内所有转录产物的集合,包括信使 RNA(mRNA)、核糖体 RNA、转运 RNA 及非编码 RNA;狭义上是指所有 mRNA 的集合。

转录物组测序是指利用新一代高通量测序技术对组织或者细胞中所有 mRNA 反转录成互补 DNA(cDNA)进行测序研究,全面快速获得某一特定样品特定时期的几乎所有 mRNA 序列信息的一种分析技术。转录物组测序分为有参考基因组的转录物组测序和无参考基因组的转录物组测序,可以解决转录图谱绘制、新基因深度挖掘、可变剪接调控、代谢途径确定、基因家族鉴定及进化分析等各方面研究的问题,已经被广泛应用于基础研究、临床诊断和药物研发等许多领域。

3.1.2.1 RNA 提取

RNA 提取的基本原则是防止 RNA 在抽提过程中降解,最大化 RNA 抽提效率,保证从目标样本中提取出完整度好、纯度高的优质 RNA。根据样品的种属(如动物样品或植物样品)、样本状态(如组织或细胞),选择合适的提取试剂和相应提取方法。采用 RNA 提取试剂盒(Invitrogen)进行 RNA 提取。采用 Trizol 法提取作物组织部位的总 RNA,详细步骤如下。

(1)将实验用品置于 105 ℃高温下 2 h 后,放入-20 ℃冰箱中 30 min。向离心管中加入 1 mL Trizol RNA 提取液,取约 100 mg 待提组织进行液氮冷冻,迅速研磨 3 次后加入离心管,颠倒混匀。置于-80 ℃的冰箱内 30 min,以使植物组织部位的 RNA 充分裂解释放。

(2)将裂解液取出置于冰上,至其融化,加入 200 μL 的氯仿,充分混匀,静置 15 min。以 12 000 r/min、4 ℃离心 15 min。取上清液约 300 μL 移入新的离心管,加入等体积异丙醇,振荡混匀后置于-20 ℃冰箱内 2 h。取出后以

12 000 r/min、4 ℃离心 15 min。

(3)缓慢去除异丙醇,以 12 000 r/min、4 ℃离心 15 min 后将液体倒净,可见管底有少量胶状沉淀产生。向沉淀中加入 1 mL 的含 70% 焦碳酸二乙酯(DEPC)的乙醇溶液洗涤 RNA 沉淀,将 RNA 沉淀轻轻弹起,充分混匀。

(4)以 1 200 r/min、4 ℃离心 10 min 后倒掉离心管内的乙醇溶液,将离心管置于工作台上室温晾数分钟,直至管内乙醇完全挥发。

(5)用 50 μL 1%DEPC 溶解 RNA,并用微量分光光度计检测 RNA 浓度,利用凝胶电泳检测 RNA 质量。

DEPC 水的配制:为了处理实验器具,可以使用在 1 000 mL 的再蒸馏水中加入 1 mL DEPC 的方式,但需要注意不能使用高压处理。在配制 DEPC 水时,应该佩戴乳胶手套和口罩。制备的 DEPC 水通常会有气泡产生,可以通过观察塑料膜是否膨胀来判断反应是否充分。制备的 1% DEPC 水应保留一部分作为后续 RNA 处理的溶剂,并确保所有物品都能浸在 DEPC 水中。

高质量的 RNA 是整个项目成功的基础。为保证测序数据准确性,需对样本进行质检,检测结果达到测序建库要求后方可进行建库。

3.1.2.2 文库构建

用 NanoDrop 2000 系统(Thermo Scientific),根据 A260/A280 吸光度比值检测合格后进行文库构建。采用 mRNA-seq Lib Prep(ABclone)试剂盒进行成对末端文库制备。利用寡聚磁珠从 1 μg 总 RNA 中富集纯化 mRNA,采用 ABclical First Strand 合成反应缓冲液将 mRNA 随机打断。以 mRNA 片段为模板,采用六碱基随机引物和逆转录酶(RNase H)合成第一链 cDNA,然后用缓冲液、dNTPs、RNase H 和 DNA 聚合酶 I 合成第二链 cDNA。将合成的双链 cDNA 片段进行适配连接,以制备成对末端文库。用接头连接的 cDNA 进行聚合酶链式反应(PCR)扩增。PCR 产物经纯化(AMPure XP 系统),并在 Agilent BioAnalyst 4150 系统上评估文库质量后,用 Illumina NovaSeq 6000/MGISEQ-T7 测序仪进行测序。详细步骤如下。

用带有 Oligo(dT)的磁珠富集真核生物 mRNA,加入 Fragmentation Buffer 将

mRNA 进行随机打断。以 mRNA 为模板,用六碱基随机引物合成第一条 cDNA,然后加入缓冲液、dNTPs、RNase H 和 DNA 聚合酶 I 合成第二条 cDNA 链,利用 AMPure XP beads 纯化 cDNA。对纯化的双链 cDNA 进行末端修复,加 A 尾并连接测序接头,用 AMPure XP beads 进行片段大小选择,然后通过 PCR 富集得到 cDNA 文库。

3.1.2.3 文库质量控制

文库构建完成后,对文库质量进行检测,检测结果达到要求后方可进行上机测序,检测方法如下。

(1)使用 Qubit 2.0 进行初步定量,使用 Agilent 2100 对文库的插入片段(insert)进行检测,插入片段符合预期后才可进行下一步实验。

(2)以定量聚合酶链反应(q-PCR)方法对文库的有效浓度进行准确定量(文库有效浓度大于 2 nmol/L),完成库检。库检合格后,不同文库按照目标下机数据量进行混合(pooling),用 Illumina HiSeq 平台进行测序。

3.1.2.4 生物信息学分析

将下机数据进行过滤,得到 clean data,与指定的参考基因组进行序列比对,将得到的 mapped data 进行插入片段长度检验、随机性检验等文库质量评估。进行基因本体(gene ontology,GO)功能分析、可变剪接分析、京都基因和基因组数据库(KEGG)注释分析、新基因发掘和基因结构优化等结构水平分析。根据基因在不同样品或不同样品组中的表达量进行差异表达分析、差异表达基因功能注释和功能富集等表达水平分析。

3.1.2.5 测序数据及质量控制

高通量测序得到的原始图像数据文件经 CASAVA 碱基识别(base calling)分析转化为原始测序序列(sequenced reads),称为 raw data 或 raw reads,结果以 FASTQ(简称 fq)文件格式存储,其中包含测序序列(reads)的序列信息以及其对应的测序质量信息。测序错误率与碱基质量有关,受测序仪本身、测序试剂、样品等多个因素的共同影响。碱基质量值(Phred quality score,Q_{Phred})和碱基识别出错的概率 p(probability of incorrect base callling)之间的换算式为

$$Q_{\text{Phred}}=-10\lg p$$

碱基质量值越高表明碱基识别越可靠,碱基测错的可能性越小。比如,对于碱基质量值为 Q20 的碱基识别,100 个碱基中有 1 个会识别出错;对于碱基质量值为 Q30 的碱基识别,1 000 个碱基中有 1 个会识别出错;对于碱基质量值为 Q40 的碱基识别,10 000 个碱基中有 1 个会识别出错。以测序循环为单位,对单个样品所有 reads 平行测序的碱基质量值做分布图,可以查看单个样品整体的测序质量。

对于转录物组测序技术,测序错误率分布具有两个特点:一是测序错误率随着测序序列长度的增加而升高,这是测序过程中化学试剂的损耗所造成的;二是前 6 个碱基具有较高的测序错误率,主要是因为随机引物和 RNA 模板的不完全结合。原始测序序列里面含有带接头的、低质量的 reads,为了保证后续分析的质量,需要去除接头序列,过滤掉低质(low quality,碱基质量值不大于 25 的碱基数占整个 reads 的 60%以上)和 N(N 表示无法确定碱基信息)比例大于 5%的 reads,获得可用于后续分析的 clean reads。

3.1.3 脂质组学分析

脂质是一类疏水性或两性小分子,包括八大类(LIPID MAPS 系统命名):脂肪酸类(如亚油酸、花生酸等)、甘油脂类(如 TG、DG 等)、甘油磷脂类(如 PC、PE、PG、PA 等)、鞘脂类[如 Cer、鞘磷脂(SM)等]、固醇脂类(如固醇酯等)、糖脂类(如 MGDG、SQDG 等)、孕烯醇酮脂类(如辅酶 A 等)和多聚乙烯类(抗生素等)。脂质是生物体膜结构(如细胞膜,线粒体、内质网、外泌体等亚细胞)的主要成分,同时也是信号小分子和能量物质。因此,脂质不仅参与生长发育、神经信号转导、光合作用等多种生理过程,而且脂质代谢紊乱还与各种病理(如心血管代谢综合征、肿瘤、神经退行性变性疾病等)的发生与发展以及植物的生物胁迫与非生物胁迫等应激反应密切相关。

脂质组学是一种基于高通量分析技术,系统性解析生物体脂质组成与表达变化的研究模式。脂质组学分析,可以高效地研究脂质家族、脂质分子在各种生物过程中的改变与功能,进而阐明相关的生物活动过程与机制。目前,脂质组学分析一般采用液相色谱-质谱法。

检测方式主要分为非靶向分析(untargeted 或 nontargeted)和靶向分析(targeted)两类,其中,非靶向分析模式能够对样本中各种类型的脂质进行无偏向的系统性解析,而靶向分析模式则主要是针对特定的脂质分子进行选择性、特异性的分析。定量水平分为相对定量和绝对定量两类,其中相对定量是脂质的色谱峰强度值,只适用于组间(相对)差异分析,而绝对定量是通过内标法来获得脂质的绝对浓度,不但能够进行组间差异分析,还能满足组内的分析需求。

本章采用基于 UPLC-Orbitrap 质谱系统的非靶向脂质组学分析平台,并结合 LipidSearch 软件(Thermo Fisher Scientific)和 13 种脂质分子的同位素内标进行脂质鉴定与数据预处理,大规模获得样本中的脂质分子的绝对含量。LipidSearch 软件能够实现原始数据处理、峰提取、脂质鉴定、峰对齐和定量等一体化分析。LipidSearch 收录了 8 大类,300 亚类,约 170 万个脂质离子及其预测碎片离子,通过子离子、母离子和中性丢失扫描的鉴别算法,实现系统、可靠的脂质定性分析。采用同位素内标法,利用待测物与内标的响应丰度比值(峰面积比)以及内标的浓度,计算待测物的绝对含量。相比外标法,同位素内标法的优势在于能够有效消除基质效应和样本前处理过程中的差异,提高检测结果的准确度和精密度。

3.1.3.1 实验仪器和试剂

质谱仪(Thermo Scientific,Q Exactive Plus)。

超高效液相色谱仪(SHIMADZU,Nexera UHPLC LC-30A)。

低温高速离心机(Eppendorf,Centrifuge 5430R)。

色谱柱(Waters,ACQUITY UPLC CSH C18 Column,1.7 μm,2.1 mm×100 mm)。

乙腈(Thermo Fisher)。

异丙醇(Thermo Fisher)。

甲醇(Thermo Fisher)。

13种同位素内标[Cer,溶血磷脂酰胆碱(LPC),PC,溶血磷脂酰乙醇胺(LPE),PE,PI,PS,PA,PG,SM,胆固醇酯(ChE),DG,TG]。

3.1.3.2　工业大麻脂质提取方法

质量控制(QC)样本的制备:取等量各组样本混合为QC样本。QC样本不仅用于测定进样前的仪器状态及平衡色谱-质谱系统,也穿插在待测样本检测过程中,用于评价整个实验过程的系统稳定性。

样本预处理:将低温处理后的工业大麻幼苗进行脂质提取,植物总脂肪含量提取方法是在Narayanan等人的方法基础上修改的,具体方法如下。

取新鲜工业大麻叶片,快速置于3 mL 75 ℃含有0.01%二丁基羟基甲苯(BHT)的异丙醇溶液中15 min。加入1.5 mL氯仿和0.6 mL水,涡旋振荡,随后在室温下置于摇床中摇1 h。将提取液置于新管中,向其中加入4 mL含有0.01%BHT的氯仿、甲醇(体积比为2∶1)溶液。振荡30 min,重复这一萃取过程数次,直到叶片变成白色。向萃取液中加入1 mL 1 mol/L KCl,涡旋振荡,离心,弃上清。再向其中加入2 mL水,涡旋振荡,离心,弃上清。直到分析前样品要存储于-80 ℃条件下。

薄层色谱(TLC)板制备:将TLC硅胶板置于氯仿、甲醇、乙酸溶液(体积比为65∶25∶10)或氯仿、甲醇、甲酸溶液(体积比为65∶25∶10)中平衡1.5 h,之后晾干30 min,重复1次。待硅胶板完全晾干后,在距硅胶板底边2.5 cm处用铅笔画线,作为薄层色谱的起始端。每个样品之间用铅笔画上竖线。在通风橱内点样,点样量每次5 μL,共分3次点样,点样完毕后用氮吹仪吹干,防止样品氧化,同时使所有点集中。完全晾干后,将硅胶板置于氯仿、丙酮(体积比为96∶4)溶液中,立即将盖子盖上,当展开液达到距离顶板约1 cm处时,取出色谱板并过夜晾干。第二天用碘熏蒸染色并进行观测。

样品前处理方式参照 Sun 等人于 2020 年建立的方法进行。样品采用超高效液相色谱仪进行分离。C18 色谱柱,柱温 45 ℃,流速 300 μL/min。流动相 A 为乙腈水溶液(体积比为 6∶4),流动相 B 为乙腈异丙醇溶液(体积比为 1∶9)。梯度洗脱程序:0~2 min,30% 流动相 B;2~25 min,流动相 B 从 30%线性变化到 100%;25~35 min,流动相 B 保持在 30%。在整个分析过程中,样品置于 10 ℃的自动进样器中。为消除仪器检测受信号波动影响,采用随机排序方法对样品进行连续分析。

采用电喷雾电离(electrospray ionization, ESI)技术检测正离子和负离子。样品用超高效液相色谱分离,采用 Q Exactive Plus 质谱仪进行质谱分析。ESI 源条件如下:加热器温度为 300 ℃,鞘气流量为 45 arb,辅助气流量为 15 arb,扫描气流量为 1 arb,喷雾电压为 3.0 kV,管温度为 350 ℃,透镜射频电平 50%,MS^1 质荷比扫描范围为 200~1 800。按以下方法收集脂质分子和脂质碎片的质荷比:每次全扫描后收集 10 个碎片(MS^2 Scan, HCD)。MS^1 的分辨率在质荷比 200 时为 70 000,MS^2 在质荷比 200 时为 17 500。用 LipidSearch 提取和鉴定脂质分子峰和内标脂质分子峰,主要参数:前驱体容差为 5×10^{-6},产品容差为 5×10^{-6},产品离子阈值为 5%。质量评价后进行后续分析。

数据处理与分析:采用 LipidSearch 对脂质分子及内标脂质分子进行峰识别、峰提取、脂质鉴定(二级鉴定)等处理。主要参数为:前驱体容差为 5×10^{-6},产品容差为 5×10^{-6},产品离子阈值为 5%。对 LipidSearch 提取得到的数据首先进行质量评价,通过后再进行数据分析。

数据分析内容:包括鉴定数量统计、脂质组成分析和脂质差异分析。脂质组成分析包括脂质亚类组成和脂质含量分布分析,脂质差异分析包括脂质含量、链长度、链饱和度分析,其中脂质含量变化分析又涉及整体、亚类、分子等多个维度的分析。

数据质量评价:通过 6 项质量控制内容对仪器的稳定性、实验的重复性、数据质量的可靠性进行全面评价。结果表明实验数据质量良好,可以进行后续的数据分析。

3.1.4　转录物组与脂质组学关联分析

利用脂质组学检测技术,全面分析组成工业大麻叶片细胞膜的主要磷脂类、形成叶绿体类囊体膜的主要糖脂类以及其他脂质代谢中间产物的变化。同时,利用低温处理下工业大麻幼苗叶片转录物组测序数据筛选脂质相关差异表达基因,并与脂质组数据进行整合,将相关基因与差异代谢物拟合到相关代谢途径上,明确冷胁迫下工业大麻叶片的脂质代谢调控模式,并构建工业大麻叶片冷胁迫下的膜脂代谢调控网络。利用高效气相色谱、液相色谱和质谱联用技术从生化水平上分析组成细胞膜的主要磷脂类(PC、PA、PE、PS、PI 等)、形成叶绿体类囊体膜的主要糖脂类(MGDG、DGDG、SQDG 等)以及其他脂质代谢中间产物的变化,研究工业大麻响应冷胁迫过程中脂质代谢的变化。综上,主要利用冷胁迫下工业大麻幼苗转录物组与脂质组数据进行关联分析,筛选冷胁迫应答的关键基因及代谢物,将相关基因与差异代谢物拟合到相应代谢通路上,明确冷胁迫下工业大麻脂质代谢调控模式对差异代谢物形成的影响,通过构建冷胁迫下工业大麻的脂质代谢调控网络,直观展示脂质代谢基因调控脂质合成参与冷胁迫应答的过程。

3.2　结果与分析

3.2.1　冷胁迫下工业大麻转录物组数据分析

3.2.1.1　测序质量评估

为研究工业大麻幼苗冷响应机制,采用 Illumina RNA-seq 方法进行全面的转录物组学分析,取 4 对真叶期工业大麻幼苗进行 4 ℃低温处理,以 25 ℃条件下培养的幼苗为对照组。共建立了 6 个 cDNA 文库,共获得 44.78 GB 的高质量

clean data,各样本至少获得 5.98 GB 的 clean data,各样本产生 4 145 万~5 975 万个 clean reads。Q30 均达到 93.79%以上,GC 含量为 43.95%~44.63%,见表 3-1。将各样品的 clean reads 与参考基因组进行比对,比对效率为 75.54%~84.85%,如图 3-1 所示。

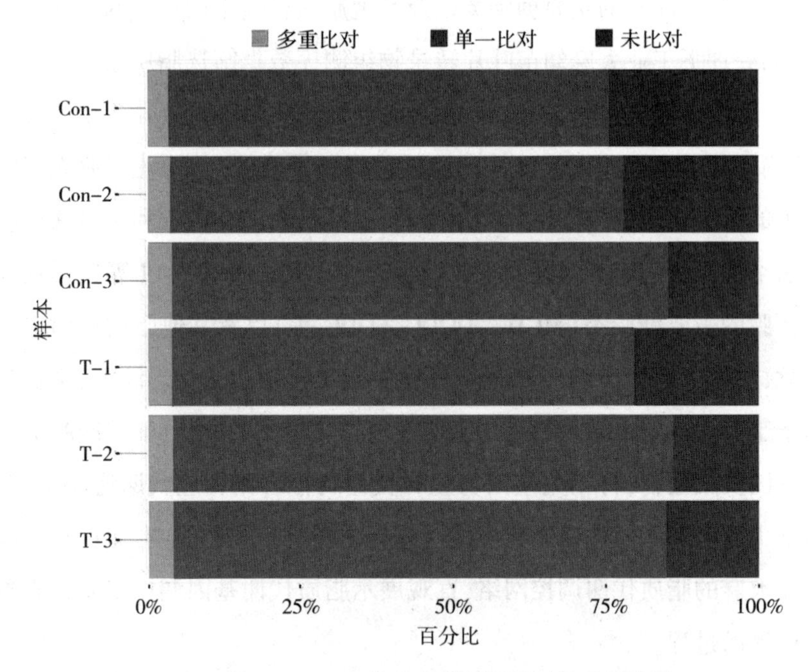

图 3-1　reads 与参考基因组比对情况统计图

表 3-1　测序数据统计

样本	clean reads/个	clean bases/GB	Q30/%	GC 含量/%	比对效率/%
Con-1	48 029 806	6.90	94.93	44.63	75.54
Con-2	59 747 432	8.50	95.26	44.38	77.54
Con-3	58 715 216	8.50	94.38	44.61	85.28
T-1	54 576 728	7.84	94.36	44.08	79.69
T-2	48 744 614	7.06	93.79	44.41	85.84
T-3	41 452 448	5.98	94.80	43.95	84.85

3.2.1.2　基因表达水平分析

基因表达水平的直接体现就是其转录本的丰度情况，转录本丰度越高，基因表达水平越高。利用 featureCounts 软件计算出每个基因在各个样本中的表达量 FPKM 值（expected number of fragments per kilobase of transcript sequence per millions base pairs sequenced）。FPKM 表示每百万比对片段中比对到转录本每千个碱基的数量，该值能消除基因长度和测序量差异对基因表达量计算的影响，计算得到的基因表达量可直接用于比较不同样品间的基因表达差异。图 3-2 和表 3-2 为不同表达水平下基因的数量统计。

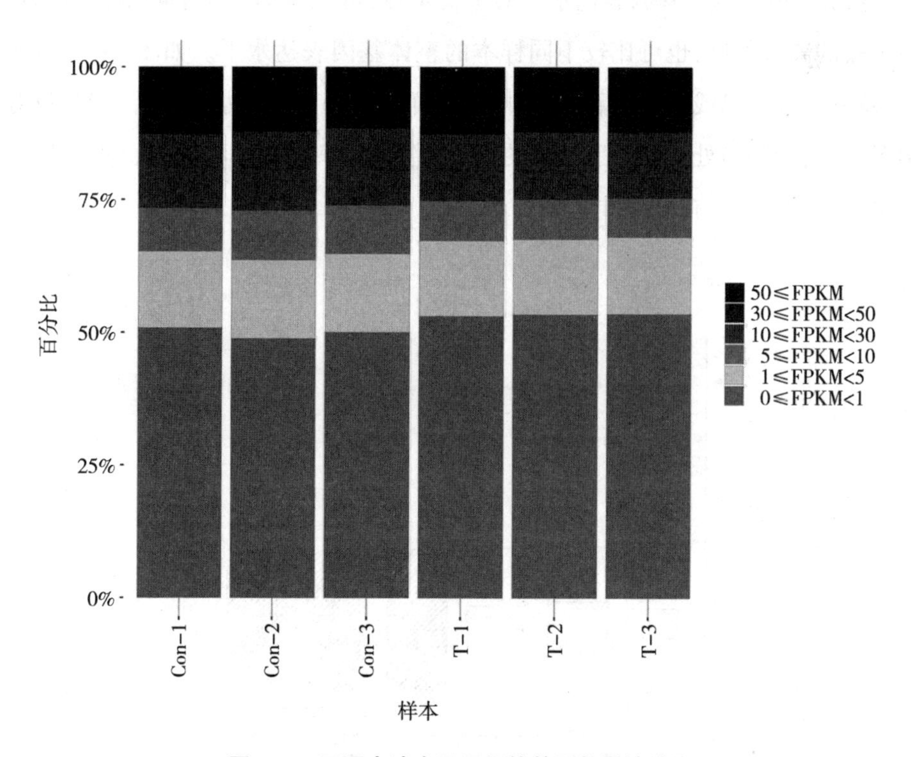

图 3-2　不同表达水平区间的基因数量统计图

表 3-2　不同表达水平区间的基因数量统计表

样本	0≤FPKM<1	1≤FPKM<5	5≤FPKM<10	10≤FPKM<30	30≤FPKM<50	50≤FPKM
Con-1	17 069(50.86%)	4 806(14.32%)	2 734(8.15%)	4 716(14.05%)	1 623(4.84%)	2 610(7.78%)
Con-2	16 393(48.85%)	4 954(14.76%)	3 120(9.30%)	5 006(14.92%)	1 589(4.74%)	2 496(7.44%)
Con-3	16 799(50.06%)	4 945(14.74%)	3 051(9.09%)	4 894(14.58%)	1 535(4.57%)	2 334(6.96%)
T-1	17 807(53.06%)	4 765(14.20%)	2 515(7.49%)	4 254(12.68%)	1 561(4.65%)	2 656(7.91%)
T-2	17 916(53.39%)	4 745(14.14%)	2 518(7.50%)	4 278(12.75%)	1 474(4.39%)	2 627(7.83%)
T-3	17 951(53.49%)	4 850(14.45%)	2 470(7.36%)	4 194(12.50%)	1 490(4.44%)	2 603(7.76%)

FPKM 值是衡量基因表达水平的重要指标，可处理单个样本的基因表达水平分布的离散程度，也可比较不同样本的整体基因表达水平。如图 3-3(a)所示，从基因表达箱线图可以看出，相同处理样本的基因表达水平保持一致，没有显著差异，冷胁迫处理和对照处理的 3 个重复之间离散程度相似，且 lgFPKM 值均分布在-2～2，具有较高重复性。

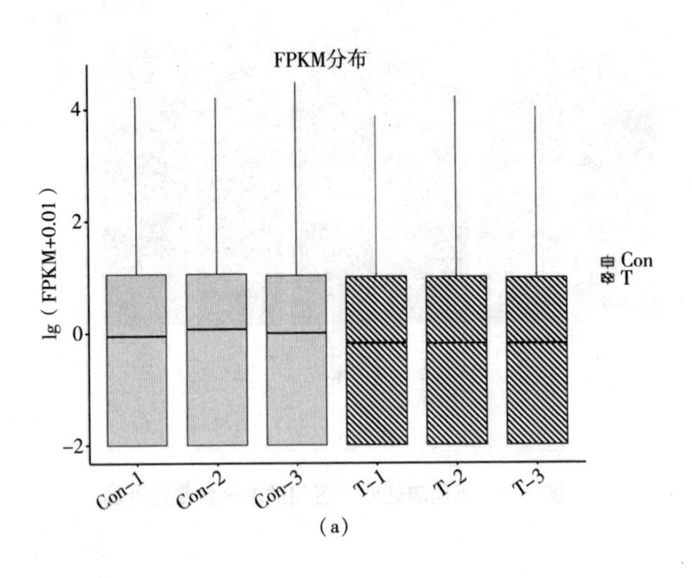

(a)

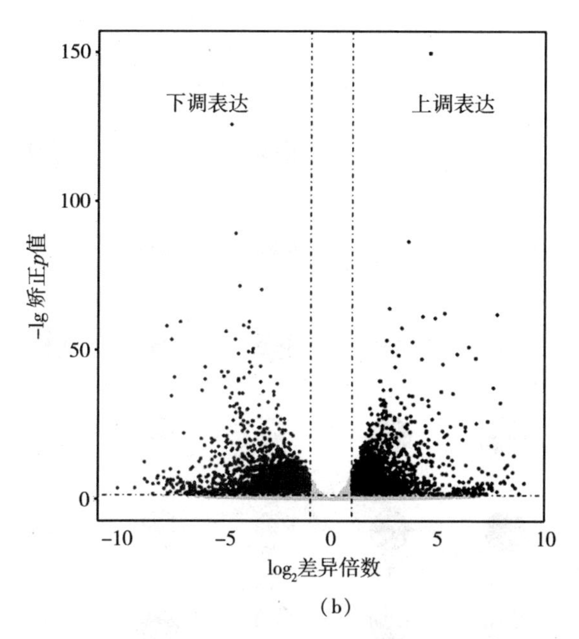

(b)

图 3-3　各样品 FPKM(a)基因表达箱线图及(b)差异表达基因火山图

差异表达基因火山图可以直观地看出冷处理下的差异表达基因分布情况，如图 3-3(b)所示，左侧部分表示冷胁迫下差异表达基因中下调表达的基因，中间部分表示冷胁迫下差异基因中没有明显变化的基因，右侧部分表示冷胁迫下差异表达基因中上调表达的基因。通过统计可以看出，冷胁迫下，处理组与对照组的差异表达基因总数为 5 936 个，其中上调表达基因 2 687 个，下调表达基因 3 249 个，差异表达倍数集中在-5~5。

样品间的基因表达水平相关性是检验实验可靠性和样本选择合理性的重要指标。皮尔逊相关系数 R 越接近 1，表明样品之间表达模式的相似度越高。一般要求生物学重复样品间 R 至少要大于 0.8，否则需要对样品做出合适的解释，或者重新进行实验。如图 3-4 所示，所有样品间的基因表达量相关性分析结果显示实验结果可靠，可进行下一步实验分析。

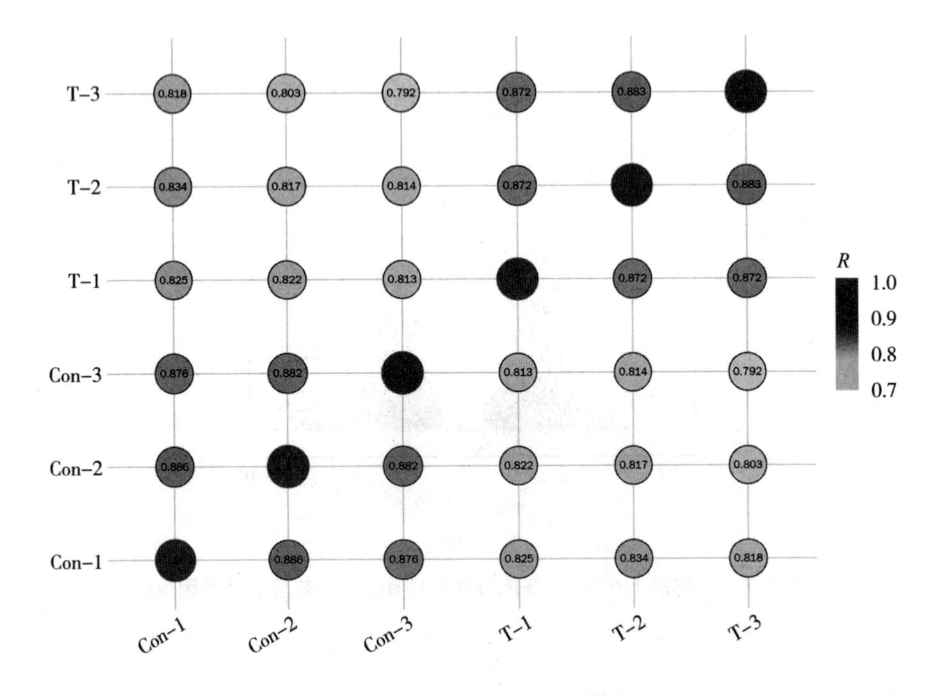

图 3-4　样品间的皮尔逊相关系数热图

差异基因聚类用于判断不同组间差异基因的变化情况。根据每个样本中基因表达情况的相似程度，将基因进行聚类分析，直观地展示基因在不同样本中的表达情况，以获得与生物学问题相关的信息。聚类分析结果如图 3-5 所示。

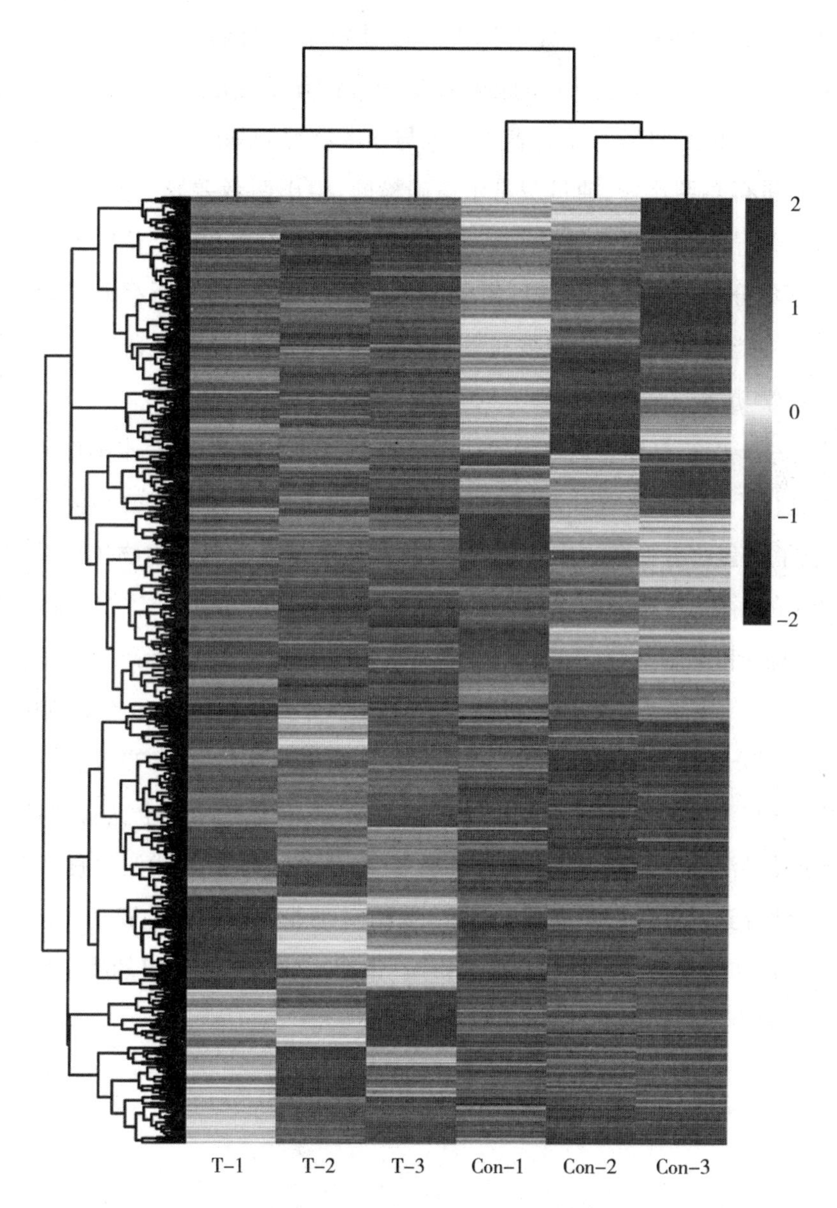

图 3−5　样品间聚类分析结果热图

注:此图仅做示意,如有需要请向作者索取。

3.2.1.3 差异表达基因功能注释

GO 功能注释的显著性富集分析是通过费希尔精确检验(Fisher's exact test)来评价某个 GO 功能条目的蛋白质富集度的显著性水平。差异表达基因的功能富集分析是将所有差异表达基因与参考物种的基因组根据 GO 功能的注释结果进行对照比较,通过费希尔精确检验,得出两者差异的显著性,从而找到所有差异表达蛋白质富集的功能类别(p 值小于 0.05)。差异表达基因的功能富集分析以 GO 功能条目为单位,结果可以直接揭示所有差异表达基因的整体功能富集特征,这些被显著富集的 GO 条目往往涉及研究者最为关心的生物学功能。

为进一步确定差异表达基因的功能及其参与的生物学过程,本书对差异表达基因进行了 GO 和 KEGG 功能注释分析。GO 是一个标准化的功能分类体系,提供了一套动态更新的标准化词汇表,并从 3 个方面描述生物体中基因和基因产物的属性:参与的生物过程(biological process,BP)、分子功能(molecular function,MF)和细胞组分(cellular component,CC)。如图 3-6 所示,上调表达基因用浅色表示,下调表达基因用深色表示,在 GO 分类注释到的 39 个组别中,在生物过程和分子功能中注释到的基因最多,分别为 3 895 和 3 072 个。在细胞组分中,"膜"和"细胞"中注释到的基因数量最多,在分子功能上,"催化活性"和"分子转导活性"注释到的基因数量最多,在生物过程中,"代谢过程"和"细胞过程"注释到的基因数量最多,表明冷胁迫对工业大麻的细胞膜功能以及跨膜物质运输和信号传导过程均有显著影响,说明冷胁迫下生物膜的稳定性与工业大麻的耐冷性密切相关。

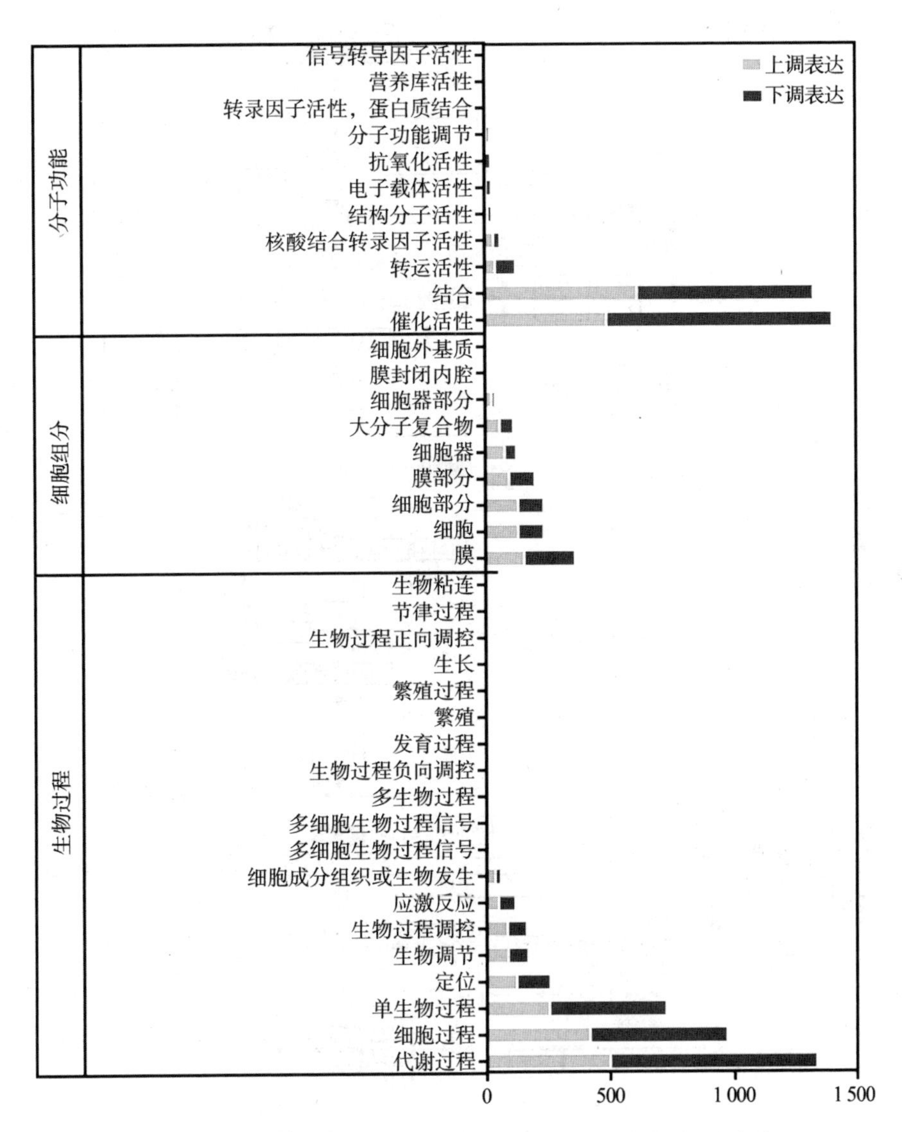

图 3-6 冷胁迫下工业大麻幼苗叶片差异表达基因 GO 分类结果

注：此图仅做示意，如有需要请向作者索取。

KEGG 是常用于通路研究的数据库之一，它以特定的图形语言描述众多的代谢途径以及各途径之间的相互关系。KEGG 数据库收录了新陈代谢、遗传信息加工、环境信息加工、细胞过程、生物体系统、人类疾病以及药物开发等多个方面的通路信息，如图 3-7 及附图所示。

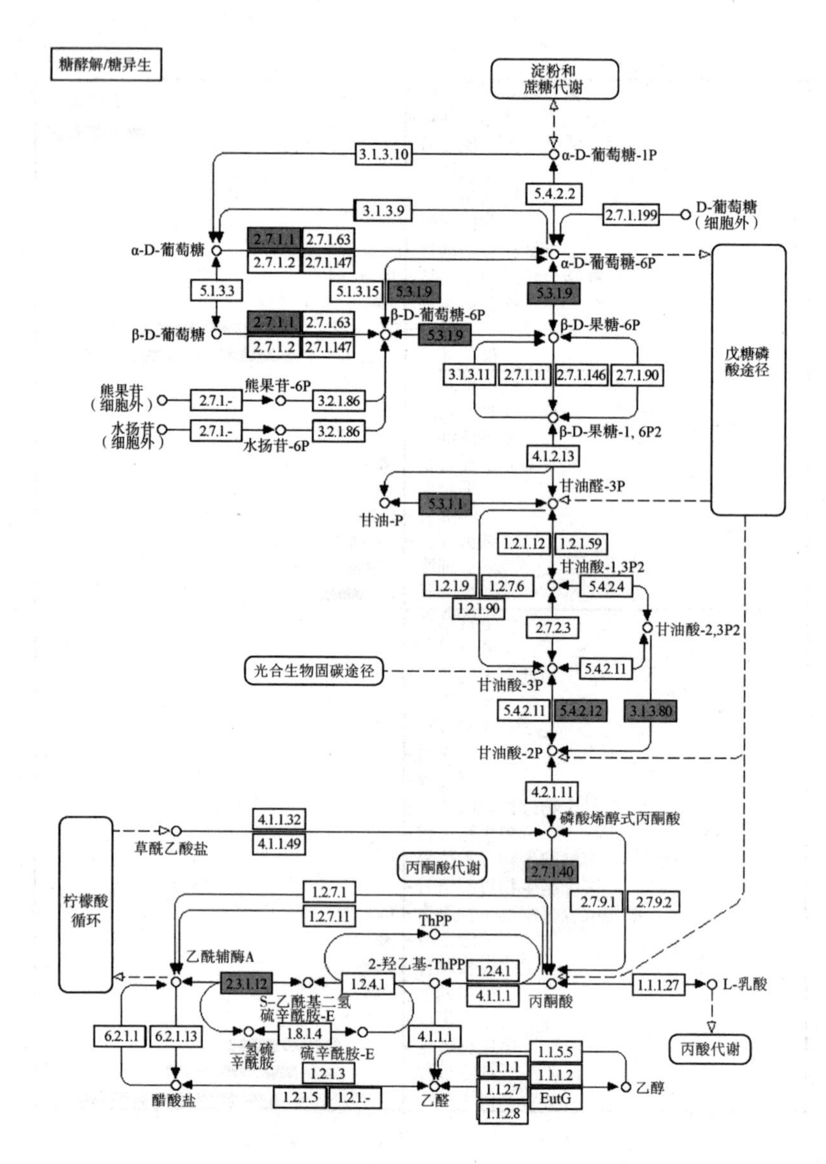

图 3-7　差异表达基因的 KEGG 通路注释图

注：此图仅做示意，如有需要请向作者索取。

在植物体内，不同的基因表达产物相互协调和相互作用，以使特定的生物学过程在不同环境中发挥作用。本书对差异表达基因进行 KEGG 注释分析，已明确冷胁迫下差异表达基因参与的信号途径及发挥的生物学功能。如图 3-8 所示，冷胁迫下，工业大麻的差异表达基因主要富集在代谢类别中，其中全局和概述图谱(global and overview maps)、碳代谢(carbohydrate metabolism)、氨基酸代谢(amino acid metabolism)、能量代谢(energy metabolism)、脂代谢(lipid metabolism)和其他次生代谢物生物合成代谢(biosynthesis of other secondary metabolites)注释到的基因较多,为 664、210、123、115、104 和 103 个。此外遗传信息处理(genetic information processing)中的折叠、分类和降解(folding, sorting and degradation),环境信息处理(environmental information processing)中的信号转导(signal transduction),细胞过程中(cellular processes)的运输和分解代谢(transport and catabolism)以及生物系统(organismal systems)中的环境适应(environmental adaptation)分类中也富集到了大量的差异表达基因。

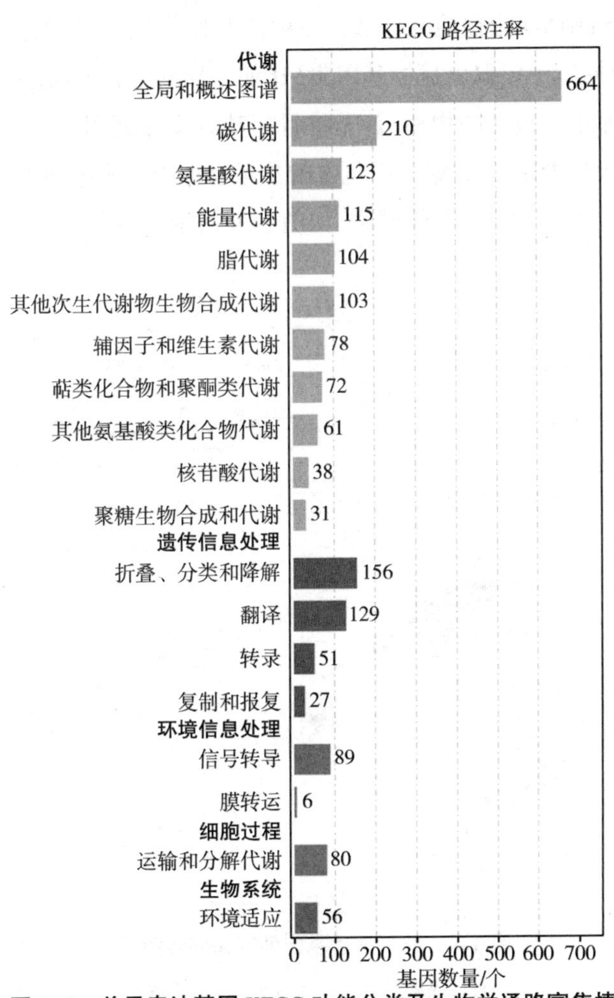

图 3-8 差异表达基因 KEGG 功能分类及生物学通路富集情况

3.2.1.4 差异基因蛋白互作网络分析

在生物体中,蛋白质并不是独立存在的,其功能的行使必须借助于其他蛋白质的调节和介导,这种调节或介导作用的实现首先要求蛋白质之间有结合作用或相互作用。研究蛋白质之间的相互作用及相互作用形成的网络,对于揭示蛋白质的功能具有重要意义。例如,高度聚集的蛋白质可能具有相同或相似的功能,连接度高的蛋白质可能是影响整个系统代谢或信号转导途径的关键点。将蛋白质相互作用网络分析和通路注释的结果相结合,可以获得更全面的系统分子层面的细胞活动模型,便于对分子机理的深入研究和挖掘。

主要应用 STRING 蛋白质互作数据库中的互作关系,针对数据库中包含的物种,直接从数据库中提取出目标基因集(比如差异基因)的互作关系来构建网络。针对数据库中不包含的物种,首先将目标基因集序列用 blastx(evalue 设定为 1e-10)比对到 STRING 数据库中包含的参考物种蛋白质序列上,并利用参考物种的蛋白质互作关系构建互作网络,如图 3-9 所示。

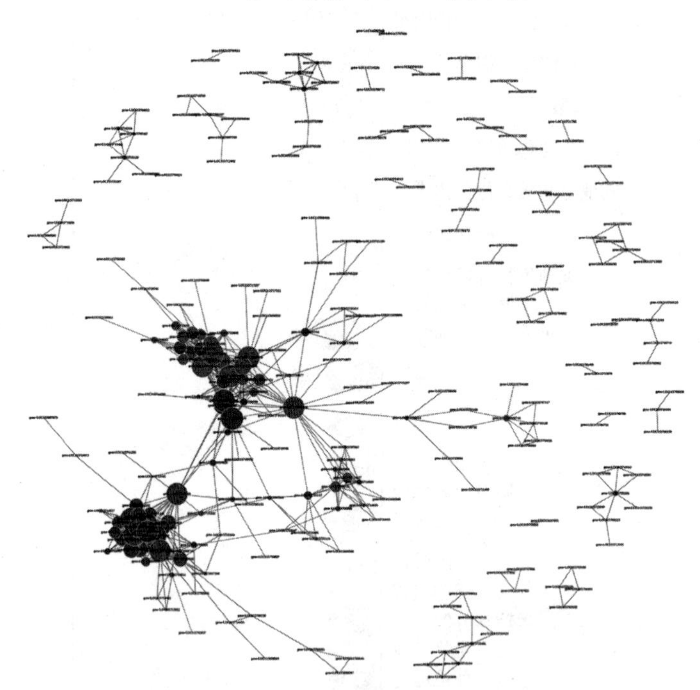

图 3-9 差异表达基因的互作网络图

注:此图仅做示意,如有需要请向作者索取。

3.2.1.5 转录因子分析

对于 AnimalTFDB/PlantTFDB 数据库所收录的物种，根据基因 ID 对数据库进行筛选，从而对差异基因进行转录因子注释。对于 AnimalTFDB/PlantTFDB 数据库未收录的物种，根据 Pfam 数据库注释信息结合 DBD 转录因子预测数据库中的转录因子家族对应信息，对差异基因进行转录因子注释，结果如图 3-10 所示。

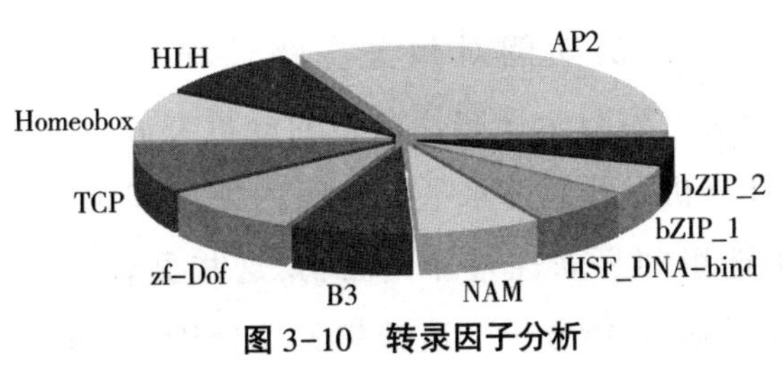

图 3-10 转录因子分析

3.2.1.6 新转录本预测

基于所选参考基因组序列，使用 Stringtie 软件对 mapped reads 进行拼接，然后用 gffcompare 与原有的基因组注释信息 GTF 文件进行比较，寻找原来未被注释的转录区，发掘该物种的新转录本和新基因，从而可以补充和完善原有的基因组注释信息，新基因的长度分布如图 3-11 所示。

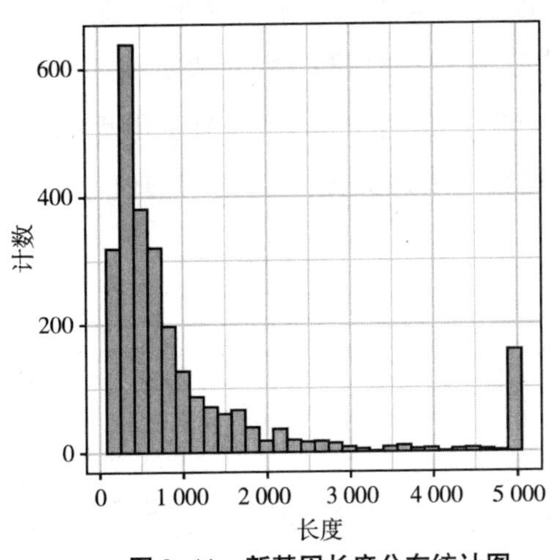

图 3-11 新基因长度分布统计图

3.2.2 冷胁迫下工业大麻脂质组数据分析

3.2.2.1 脂质组分统计分析

脂质亚类含量变化可反映脂质功能的变化，因此，通过比较不同样本中脂质亚类的表达变化，能够筛选出可能参与相关生物过程的重要脂质亚类，并结合该脂质亚类的功能对相关生物过程或表型进行解释。种(species)水平的分析内容与非靶向代谢组的分析类似，包括多维和单维统计分析。多维统计分析是从总体水平反映组内差异和组间差异，同时结合单维统计分析，筛选组间显著性差异代谢物，这些显著性差异代谢物可能是潜在的生物标志物或功能分子。通过相关性分析，还可对脂质的共调控关系做进一步的挖掘。

单变量统计分析方法是最常用的统计分析方法之一。在进行两组样本间的差异分析时，常用的单变量统计分析方法包括差异倍数分析(fold change analysis，FC analysis)、T 检验、非参数检验。基于单变量统计分析方法，对所有检测到的脂质分子进行了差异分析，并将分析结果以火山图的形式来进行展示，如图 3-12 所示。用不同的颜色深浅来表示满足 $FC>1.5$ 或 $FC<0.67$、p 值 <0.05 的差异脂质分子。横坐标表示 $\log_2$ 转换后的差异表达倍数值，纵坐标表示 lg 转换后的 p 值，点表示脂质分子，满足 $FC>1.5$、p 值 <0.05 或者 $FC<0.67$、p 值 <0.05 的脂质分子用灰色表示。标记的脂质分子为显著性差异代谢物中表达变化(FC)上调的前十位和下调的前十位，如图 3-13 所示。

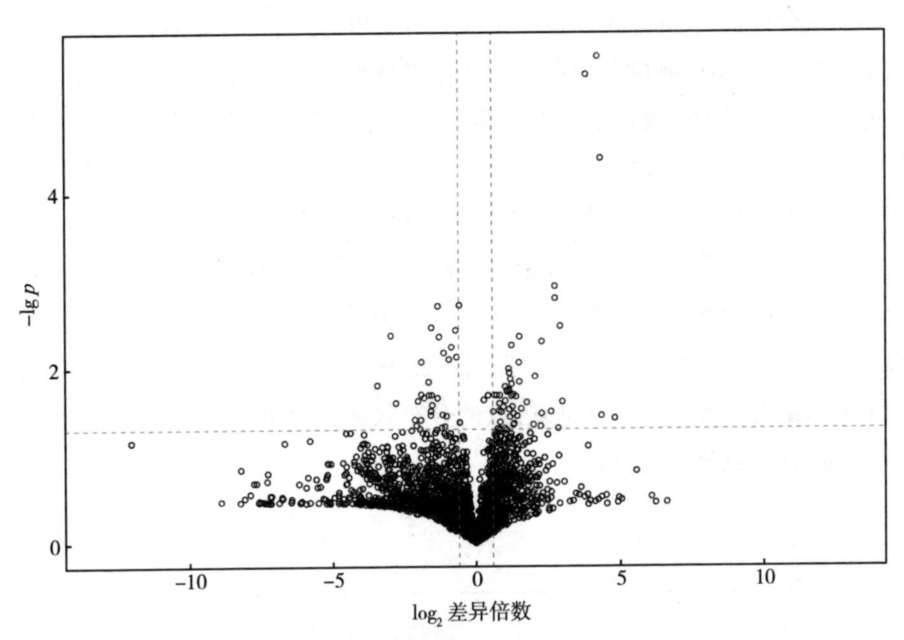

图 3-12　脂质分子差异分析结果火山图

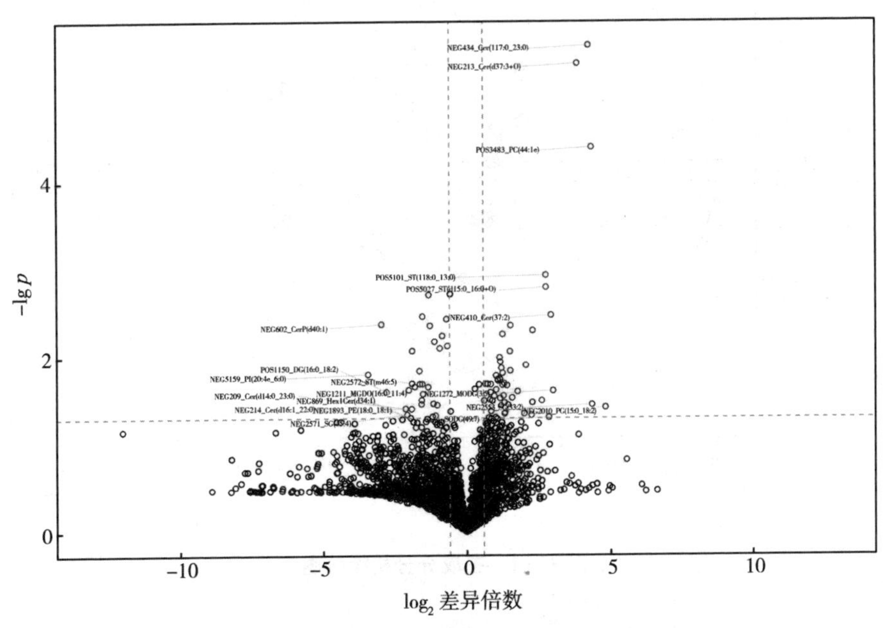

图 3-13　标记显著性差异代谢物中表达变化上调前十位和下调前十位脂质分子的差异分析结果火山图

注：此图仅做示意，如有需要请向作者索取。

主成分分析(principal component analysis,PCA)是一种非监督的数据分析方法,它将原本鉴定到的所有脂质分子重新线性组合形成一组新的综合变量,同时根据所分析的问题从中选取几个综合变量使它们尽可能多地反映原有变量的信息,从而达到降维的目的。同时,对脂质进行主成分分析,还能从总体上反映样本组间和组内的差异度。在数据分析中,一般先采用主成分分析方法,观察组间样本的总体分布趋势和组间样本的差异度。对各个比较组做主成分分析,以示例对比组为例进行统计分析,主成分分析得分如图 3-14 所示。t[1]代表主成分 1,t[2]代表主成分 2,椭圆代表 95%置信区间。同一形状或颜色的图案表示组内的各个生物学重复,点的分布状态反映组间、组内的差异度。图 3-15 为 3D 主成分分析得分图。

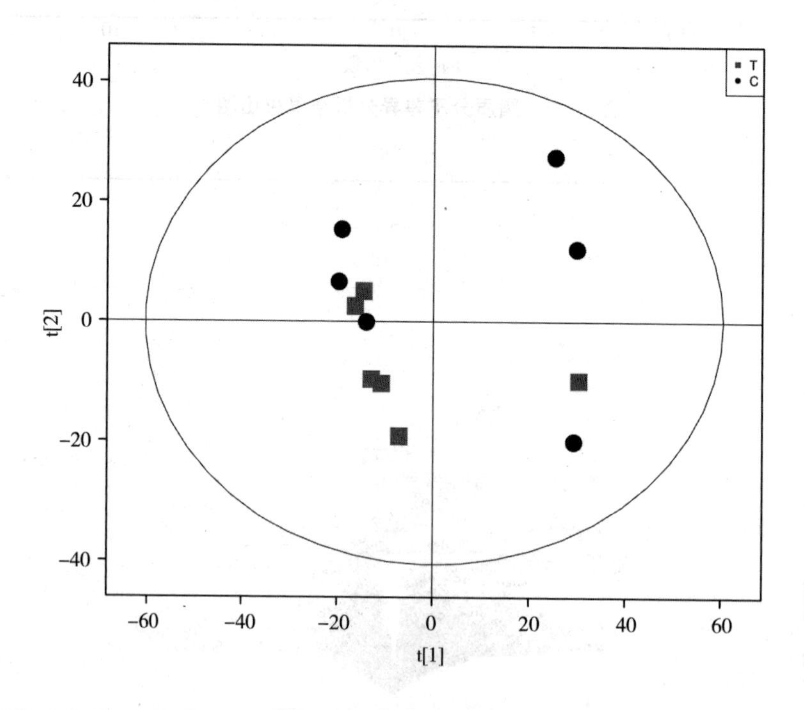

图 3-14 主成分分析得分图

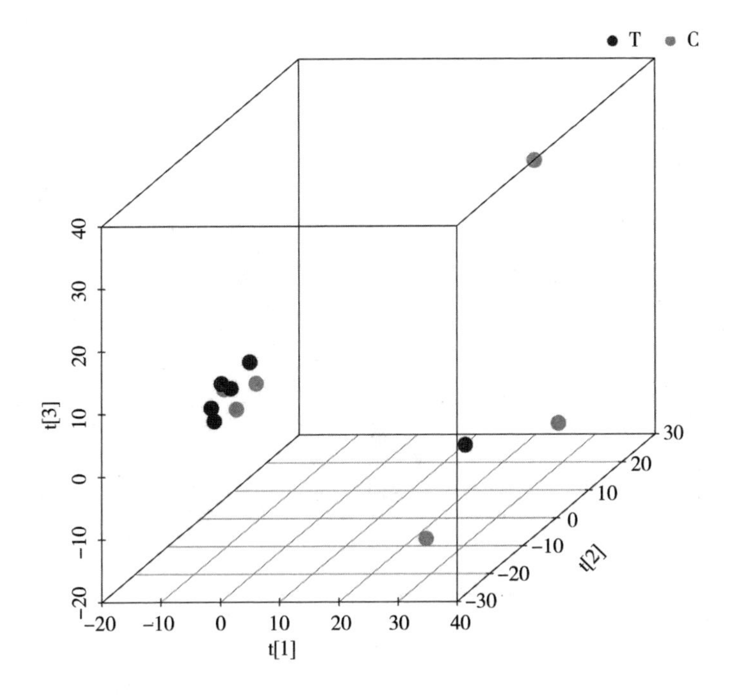

图 3-15　3D 主成分分析得分图

偏最小二乘判别分析(partial least squares discrimination analysis,PLS-DA)是一种有监督的判别分析统计方法。该方法运用偏最小二乘回归建立脂质表达量与样品类别之间的关系模型,来实现对样品类别的预测。通过建立的判别模型,可以从数据集中筛选出与分组相关的差异脂质。对比组的 PLS-DA 模型得分如图 3-16 所示。PLS-DA 模型能区分两组样本。经 7 次循环交叉验证(7-fold cross-validation)得到模型评价参数(R^2Y,Q^2)。一般 $Q^2>0.5$ 表明模型稳定可靠,$0.3<Q^2\leqslant 0.5$ 表明模型稳定性较好,$Q^2<0.3$ 表明模型可靠性较低。本书实验 R^2Y 为 0.998,Q^2 为 0.707,说明模型稳定可靠。

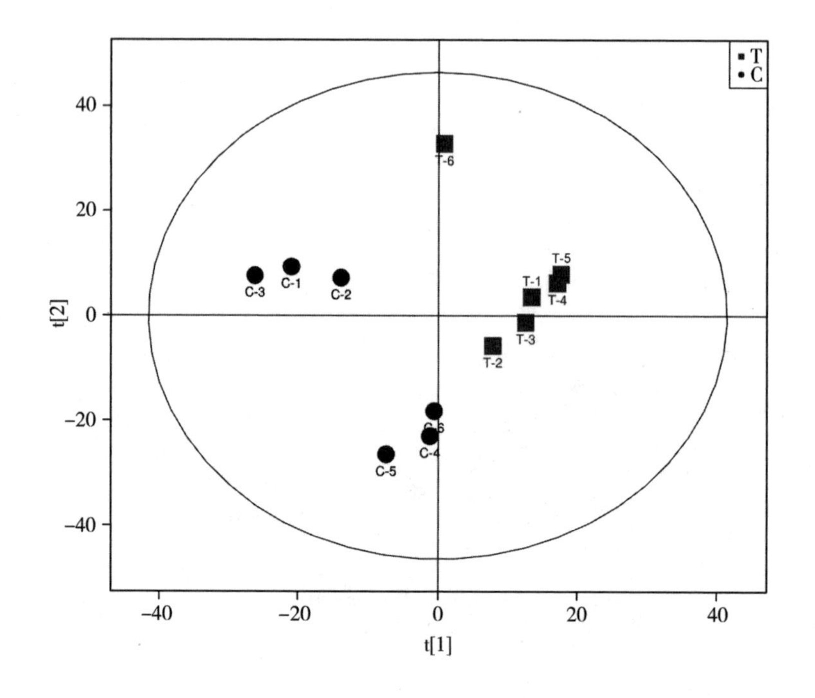

图 3-16　PLS-DA 得分图

为避免有监督模型在建模过程中发生过拟合，采用置换检验(permutation test)对模型进行检验，以保证模型的有效性。图 3-17 为示例对比组 PLS-DA 模型的置换检验图，随着置换保留度逐渐降低，随机模型的 R^2 和 Q^2 均逐渐下降，说明原模型不存在过拟合现象，模型稳定性良好。横坐标表示置换保留度，即与原模型 Y 变量顺序一致的比例，纵坐标表示 R^2 和 Q^2 的值，椭圆图案表示 R^2，条状图案表示 Q^2，两条虚线分别表示 R^2 和 Q^2 的回归线，右上角的 R^2 和 Q^2 表示置换保留度等于 1，即原模型的 R^2 和 Q^2 值。

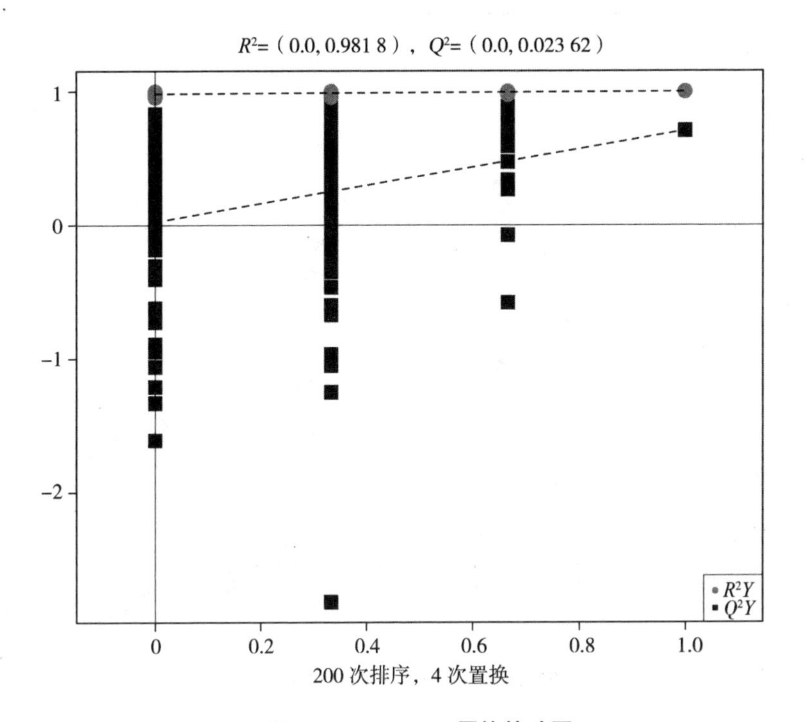

图 3-17　PLS-DA 置换检验图

正交偏最小二乘判别分析(OPLS-DA)是一种对 PLS-DA 进行修正的分析方法,可以滤除与分类信息无关的信息,提高模型的解析能力和有效性。在 OPLS-DA 得分图上有两种主成分,即预测主成分和正交主成分。OPLS-DA 将组间差异最大化地反映在 t[1]上,所以从 t[1]上能直接区分组间变异,而在正交主成分 to[1]上则反映了组内的变异。由图 3-18 可知 OPLS-DA 模型能区分两组样本。t[1]代表主成分 1,to[1]代表主成分 2,椭圆代表 95%置信区间。同一形状或颜色的图案表示组内的各个生物学重复,点的分布状态反映组间、组内的差异度。

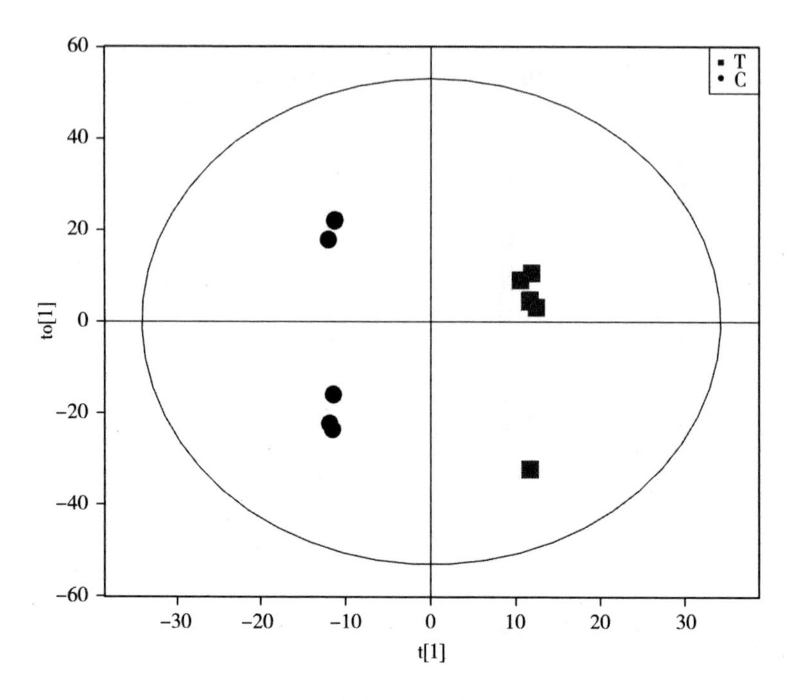

图 3-18　OPLS-DA 得分图

为避免有监督模型在建模过程中发生过拟合，采用置换检验对模型进行检验，以保证模型的有效性。图 3-19 显示了示例对比组 OPLS-DA 模型的置换检验图，随着置换保留度逐渐降低，随机模型的 R^2 和 Q^2 均逐渐下降，说明原模型不存在过拟合现象，模型稳定性良好。横坐标表示置换保留度，即与原模型 Y 变量顺序一致的比例，纵坐标表示 R^2 和 Q^2的值，椭圆图案表示 R^2，条状图案表示 Q^2，两条虚线分别表示 R^2 和 Q^2 的回归线，右上角的 R^2 和 Q^2 表示置换保留度等于 1，即原模型的 R^2 和 Q^2 值。OPLS-DA 模型得到的变量权重值（variable importance for the projection，VIP）能够衡量各脂质分子的表达模式对各组样本分类判别的影响强度和解释能力，用于挖掘具有生物学意义的差异脂质分子，通常 VIP>1 的脂质分子被认为在模型解释中具有显著贡献。本书实验以 OPLS-DA VIP>1 和 p 值<0.05 为显著性差异脂质分子筛选标准。图 3-20 对筛选到的 VIP>1、p 值<0.05 的显著性差异脂质分子以气泡图形式进行了可视化展示。

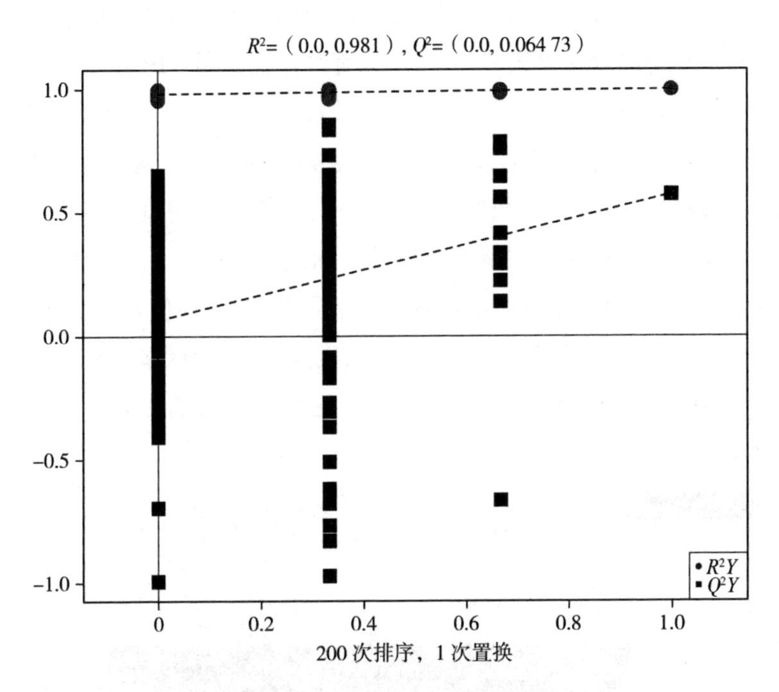

图 3-19　OPLS-DA 置换检验图

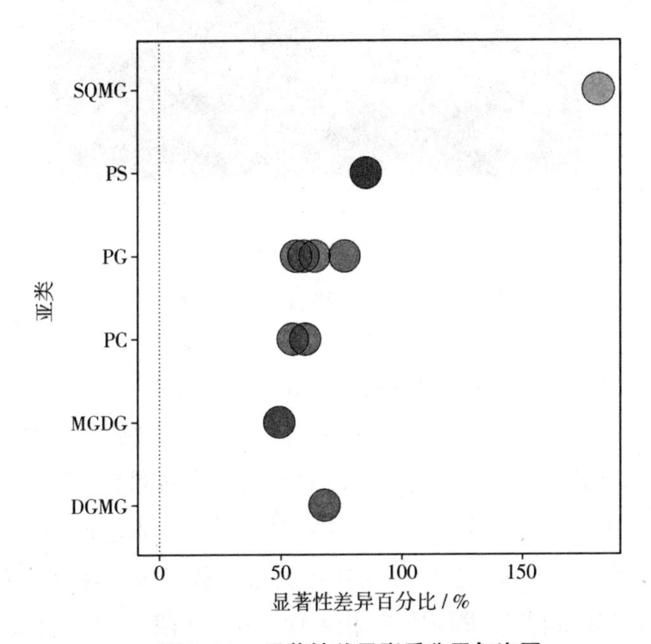

图 3-20　显著性差异脂质分子气泡图

为了评价差异脂质的合理性，同时更全面直观地显示样本之间的关系以及脂质在不同样本中的表达模式差异，利用显著性差异脂质 VIP>1、p 值<0.05 的表达量对各组样本进行层次聚类(hierarchical clustering)。一般来说，当筛选的候选脂质合理且准确时，同组样本能够通过聚类出现在同一簇(cluster)内。同时，聚在同一簇内的脂质具有相似的表达模式，可能在代谢过程中处于较为接近的反应步骤。示例对比组的聚类分析结果如图 3-21 所示，每行代表一个差异脂质分子，即纵坐标为显著性差异表达的脂质分子，每列代表一组样品，即横坐标为样品信息。右半区多为显著性上调脂质分子，左半区多为显著性下调脂质分子，颜色深浅表示上调和下调的程度，表达模式接近的脂质分子聚在左侧同一簇内。

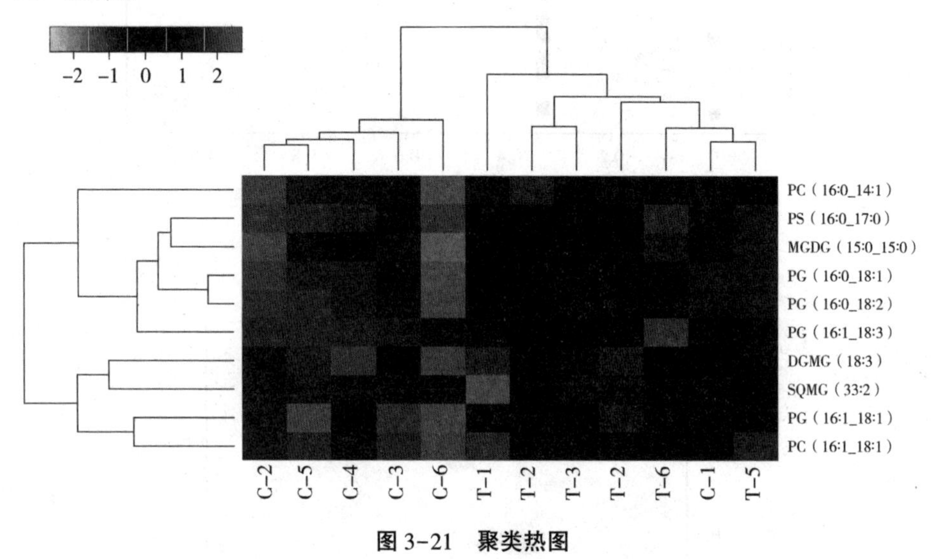

图 3-21 聚类热图

注：此图仅做示意，如有需要请向作者索取。

相关性分析可以帮助衡量 VIP>1、p 值<0.05 的显著性差异脂质之间的代谢密切程度(metabolic proximities)，有利于进一步了解生物状态变化过程中脂质之间的相互调节关系。具有表达相关性的脂质可能共同参与某一生物过程，即功能相关性。正相关的脂质可能表明其来源于同一合成途径，负相关表明可能被分解用于其他脂质的合成，即合成转化关系。基于相关性分析方法，对显著性差异脂质之间的相关性进行分析，相关性分析的结果以相关性聚类热图的形式来进行可视化展示，如图 3-22 所示，均为正相关，无负相关，颜色深浅与相

关性系数的绝对值大小有关,即正相关或负相关的程度越高,颜色越深。具有强正相关或负相关关系的脂质会聚在同一簇内。后续可进一步通过对簇内的脂质亚类组成以及簇之间的相关性进行分析,分析脂质亚类之间的共调控关系,研究其是否具有合成转化关系或功能相关性。

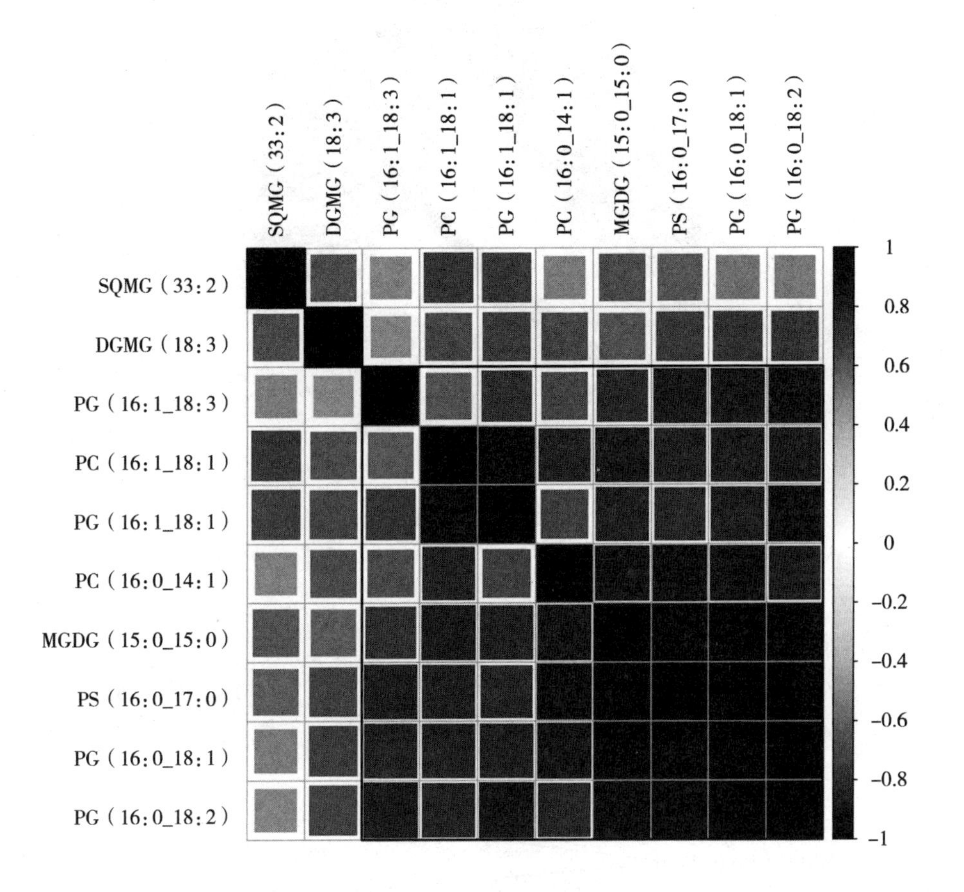

图3-22　相关性聚类热图

注:此图仅做示意,如有需要请向作者索取。

为了更直观地揭示脂质的共调节关系,将脂质相关矩阵(lipid-lipid correlation matrix)转换成和弦图和网络图,如图3-23和图3-24所示。和弦图和网络图均展示的是相关性系数$|r|>0.8$且p值<0.05的脂质分子对,此标准可根据实际的情况调整。和弦图能更好地展示脂质亚类之间的相关性,网络图能更好地展示脂质分子之间的相关性,两者各有优点。图3-24中,点代表显著

性差异脂质分子,点的大小与连接度(degree)相关,连接度越大,点越大。线条的颜色代表相关性。线条的粗细代表相关性系数绝对值的大小,线条越粗,相关性越大。

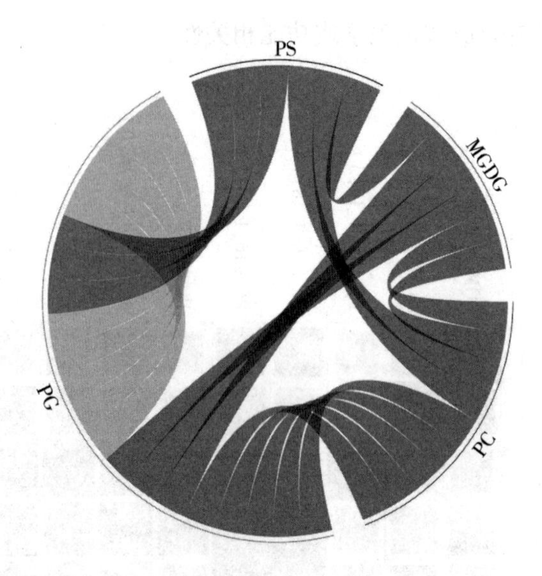

图 3-23 和弦图

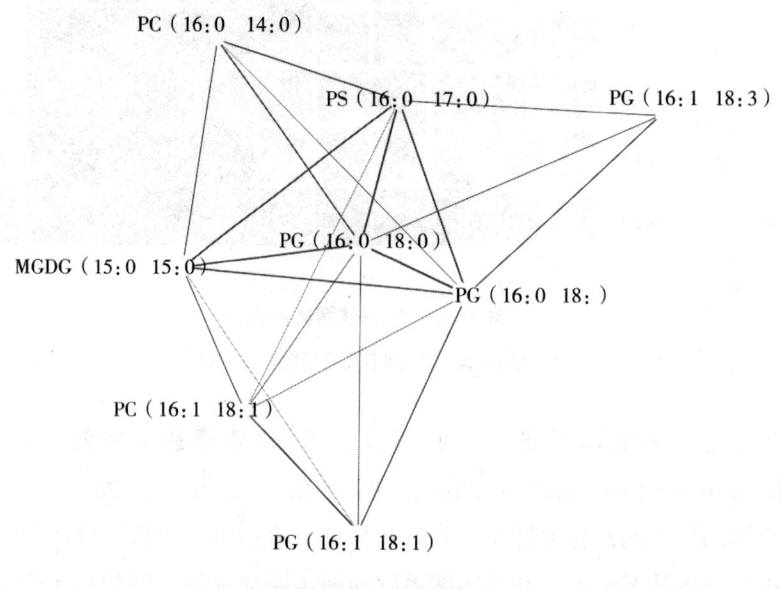

图 3-24 网络图

对 QC 样本进行皮尔逊相关系数分析，如图 3-25 所示。一般相关性系数大于 0.9 表明相关性较好。实验结果表明 QC 样本间的相关性系数都在 0.9 以上，说明实验的重复性较好。图中横、纵坐标代表各 QC 样本，每个小格中的点代表 QC 样本提取到的离子峰（代谢物），横坐标和纵坐标代表离子峰信号强度值的对数值。

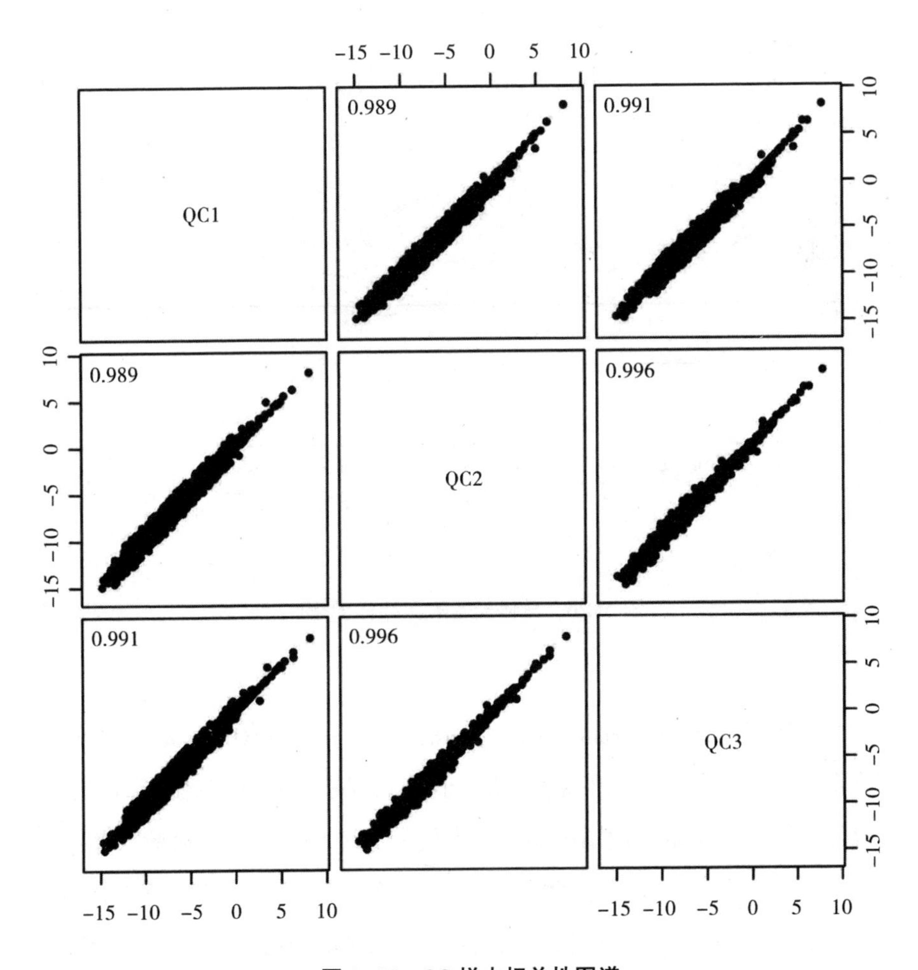

图 3-25　QC 样本相关性图谱

霍特林 T^2(Hotelling's T^2)检验通过多元变量建模对样本进行检验,定义了95%或99%置信区间可用于离群样本的诊断。霍特林 T^2 检验结果如图3-26所示,实验结果表明QC样本均在99%置信区间内,说明实验的重复性较好。

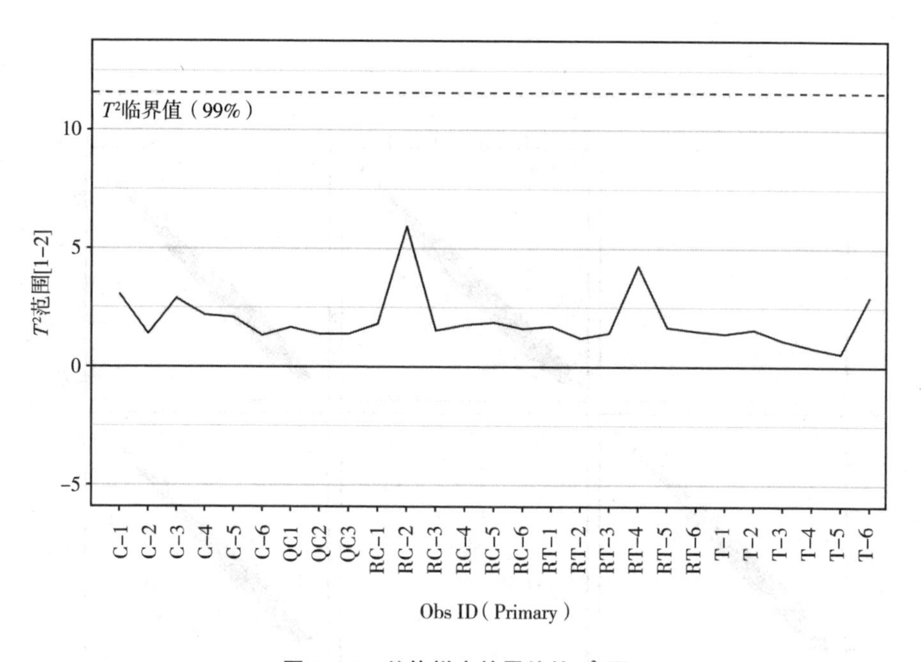

图3-26 总体样本的霍特林 T^2 图

多变量控制图(multivariate control chart,MCC)是基于QC样本检测到的离子峰建立的多元变量统计学模型,是用于监控和判断仪器状态是否稳定的一种质量管理工具。多变量控制图中的每个点代表一个QC样本,x 轴是所有QC样本的上机顺序。由于仪器状态的波动,图中的点呈现上下波动的情况,一般正负3个标准差范围内为正常范围。实验的QC样本的多变量控制图如图3-27所示。实验结果表明QC样本的波动都在正负3个标准差范围内,反映仪器的波动在正常范围内,数据可用于后续分析。

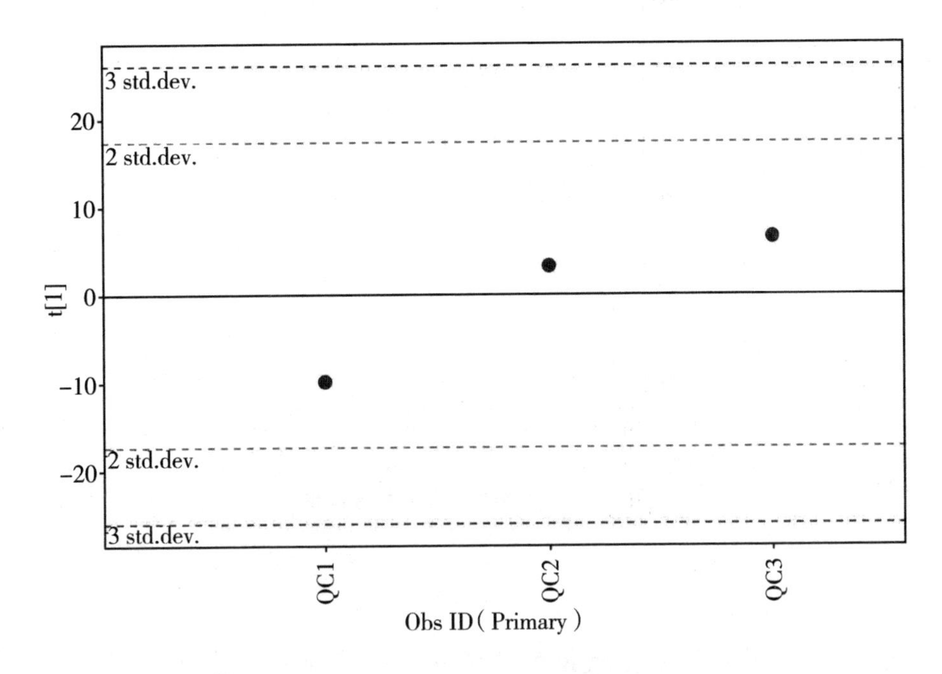

图 3-27　QC 样本的多变量控制图

QC 样本离子峰丰度的相对标准偏差(RSD)越小,表明仪器的稳定性越好,它是反映数据质量好坏的一个重要指标。实验 QC 样本中 RSD≤30%的峰数目占 QC 样本总峰数目的比例在 80%以上,如图 3-28 所示,表明仪器分析系统的稳定性较好,数据可以用于后续分析。

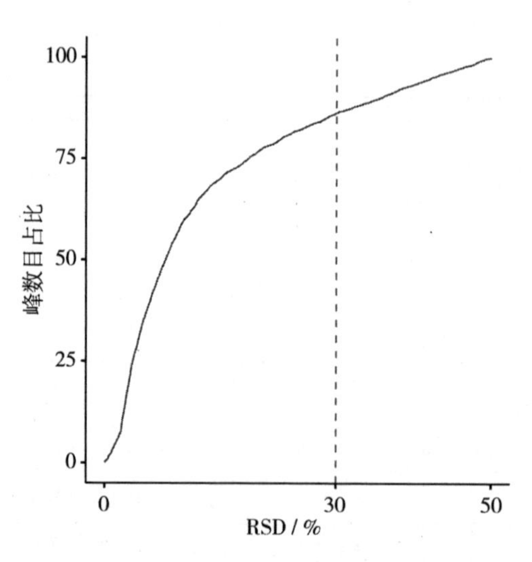

图 3-28　QC 样本的相对标准偏差

3.2.2.2　冷胁迫下工业大麻的脂质亚类和脂质分子数量

脂质组成指样本中脂质的类别及比例。脂质组成分析是脂质数据分析的主要内容之一。一方面,脂质的组成具有样本特异性,如细胞膜、线粒体、内质网等不同类型的样本,稳态下所包含的脂质类别及比例是不同的;另一方面,在不同的处理条件下或生物过程中,脂质组成也会发生相应的改变,进而导致膜的生物物理特性及其功能发生变化。通过脂质组成分析,可以从整体上研究样本的主要脂质组成和含量分布范围。

脂质组成分析结果如图 3-29 所示,各组样本的脂质亚类组成以环形图进行展示,一张环形图对应一组样本。排在前几位的比例较高的脂质亚类,为样本的主要脂质组成成分。后续分析可以将样本的主要脂质组成与相关研究的数据进行比较,反映样本的组成和状态的变化。

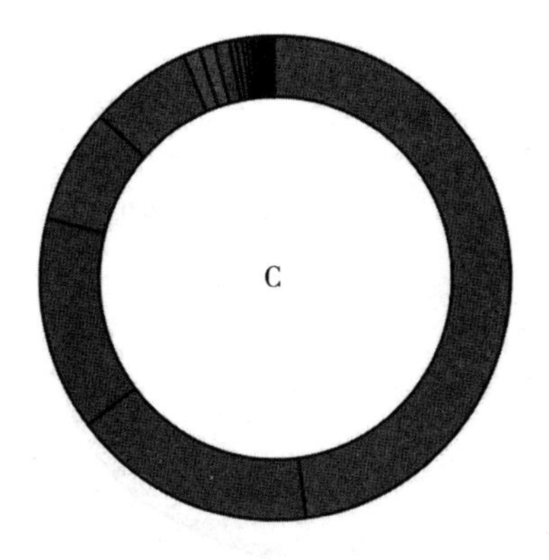

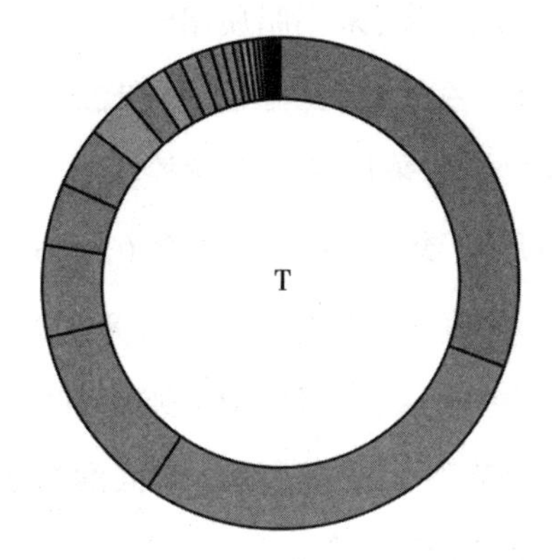

图 3-29　脂质亚类组成

注:此图仅做示意,如有需要请向作者索取。

图 3-30 展示的是脂质的含量动态分布范围,含量动态分布范围可以考察各组样本中含量最低和最高的脂质分子以及脂质含量跨度范围的变化。脂质亚类的含量跨度分布,可能与不同脂质分子的贡献度及其在膜室或膜过程中的利用频率等有关。

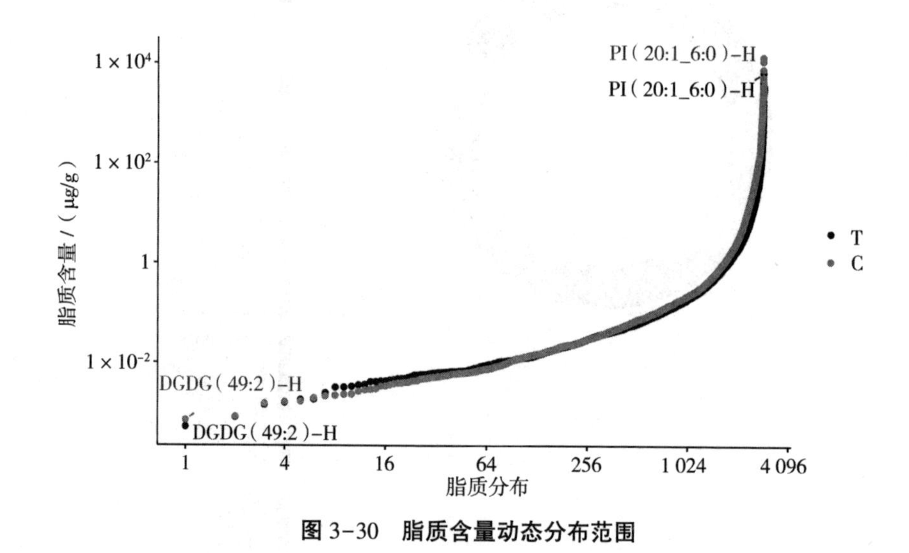

图 3-30　脂质含量动态分布范围

为研究冷胁迫下工业大麻叶片的脂代谢,采用脂质组学方法测量主要甘油脂质含量和脂肪酸分子种组成的变化。在 4 ℃(低温处理)和 25 ℃(对照组)下处理 3 天后进行取样,每个处理 6 次重复,采用脂质组学检测技术对不同处理下的脂质成分进行测定。国际脂质分类和命名委员会(International Lipid Classification and Nomenclature Committee)将脂质化合物分为 8 大类型,分别为:脂肪酸类(如亚油酸、花生酸类)、甘油脂类(如 TG、DG 类)、甘油磷脂类(如 PC、PE、PG、PA 等)、鞘脂类(如 Cer、SM 等)、固醇脂类(如固醇酯等)、糖脂类(如 MGDG、SQDG 等)、孕烯醇酮脂类(如 CoA 等)、多聚乙烯类,本章对以上脂质成分进行测定,鉴定大麻响应冷胁迫过程中脂质代谢的变化,并重点分析光合膜脂组分的变化。本章实验正、负离子模式鉴定到的样本中的脂质化合物数量如图 3-31 所示,其中共鉴定到 45 个脂质亚类,脂质分子数量为 4 900 个,其中甘油三酯和甘油二酯鉴定到的脂质分子数量最多,分别为 1 124 和 503 个,原始数据及详细信息见附表 2。

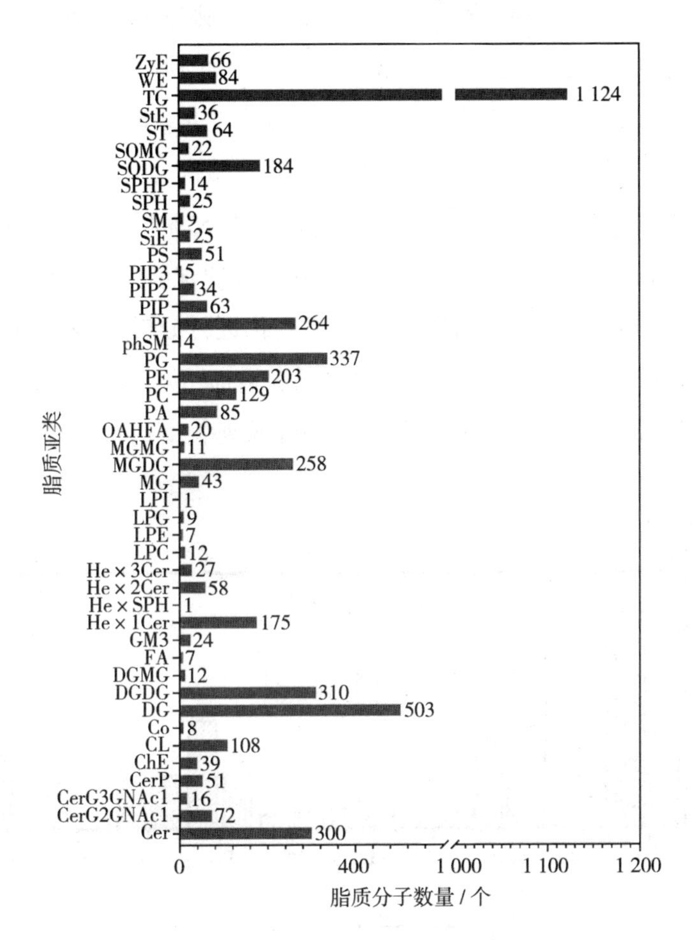

图 3-31　脂质亚类和脂质分子数量统计图

3.2.2.3　冷胁迫下工业大麻膜脂组分变化

植物细胞通过脂质重塑使质膜和外膜的脂质成分发生变化，以维持膜的流动性、稳定性和完整性，因而膜脂在植物响应环境变化过程中具有关键作用。在工业大麻叶片的脂质样品中，对主要膜脂组分进行分析，包括组成细胞膜的主要磷脂类（PC、PA、PE、PS、PI 等）、形成叶绿体类囊体膜的主要糖脂类（MGDG、DGDG、SQDG 等）以及脂质代谢的中间产物 DAG 和贮存脂质 TAG。如

图 3-32 所示,半乳糖脂 MGDG、DGDG 和 SQDG 是最丰富的脂质种类,约占总膜脂成分的 70%,其中,MGDG 含量最高,占 50%。冷胁迫下 DGDG 含量显著上升,冷处理下 DGDG 含量是对照组的 3.5 倍,MGDG 含量显著降低,由 5.31 mg/g 降至 3.05 mg/g,SQDG 含量基本不发生变化。6 种磷脂作为细胞膜的重要结构脂质约占总脂质的 20%,其中,PG 占比最高,约占 7%~9%,冷处理下磷脂 PA、PG、PS 均受冷胁迫诱导,分别增加 53%、55%和 103%。3 种溶血磷脂的水平相对较低。在冷处理下 LPC、LPE 和 LPG 的含量水平均增加。对脂质代谢的中间产物 DAG 和贮存脂质 TAG 含量变化进行分析,结果显示,冷胁迫下,工业大麻叶片中的 DAG 及 TAG 含量均显著增加（p 值<0.05）,然而,DAG 和 TAG 比值显著降低,表明冷胁迫下 TAG 的合成速率大于降解速率,原始数据见附表 3。

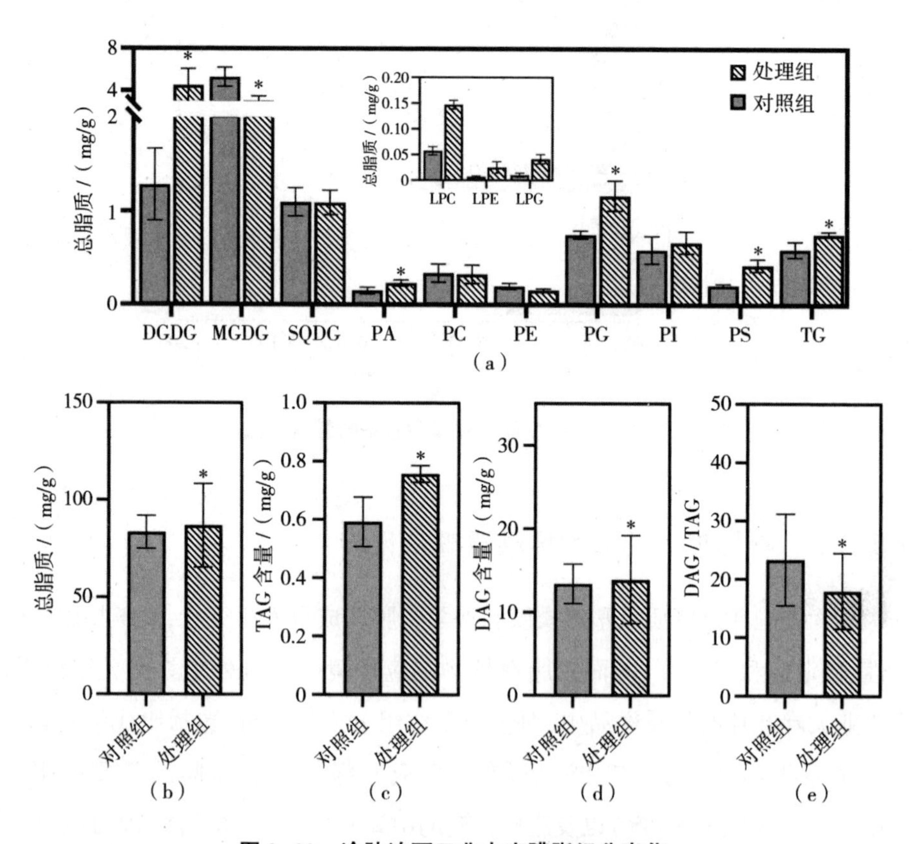

图 3-32　冷胁迫下工业大麻膜脂组分变化

3.2.2.4　冷胁迫下工业大麻脂质分子种变化

通过脂质组学方法分析冷胁迫下工业大麻幼苗叶片主要光合膜脂的分子种（碳原子总数:双键总数）含量变化。通常而言，16:3 和 18:3 植物可以通过其甘油脂质的脂肪酸谱来区分。如图 3-33 所示（原始数据见附表 4），在工业大麻幼苗叶片当中，MGDG 和 DGDG 的主要分子种为 C36:6，说明含有丰富的 18:3 脂肪酸，反映了工业大麻半乳糖脂合成对真核/内质网途径的依赖，这符合典型的 18:3 植物的特征，证明工业大麻是典型的 18:3 植物。在 DGDG 中发现少量的 C34 分子，主要以 C34:3 形式存在，这可能是由于真核途径中 C34 PC 的减少或叶绿体途径的贡献。在 SQDG 中，C34 和 C36 分子种类几乎相等，分别以 C34:3 和 C36:6 为主，这表明原核/叶绿体途径和真核/内质网途径共同参与了 SQDG 的产生。而叶绿体中唯一的磷脂 PG 以 C34 分子为主，表明 PG 几乎全部来源于原核生物/叶绿体途径。在低温处理下，SQDG 和 DGDG 完全去饱和水平提高，C36:6 分子种数量显著提升，这可能有利于叶绿体膜对冷胁迫的响应。

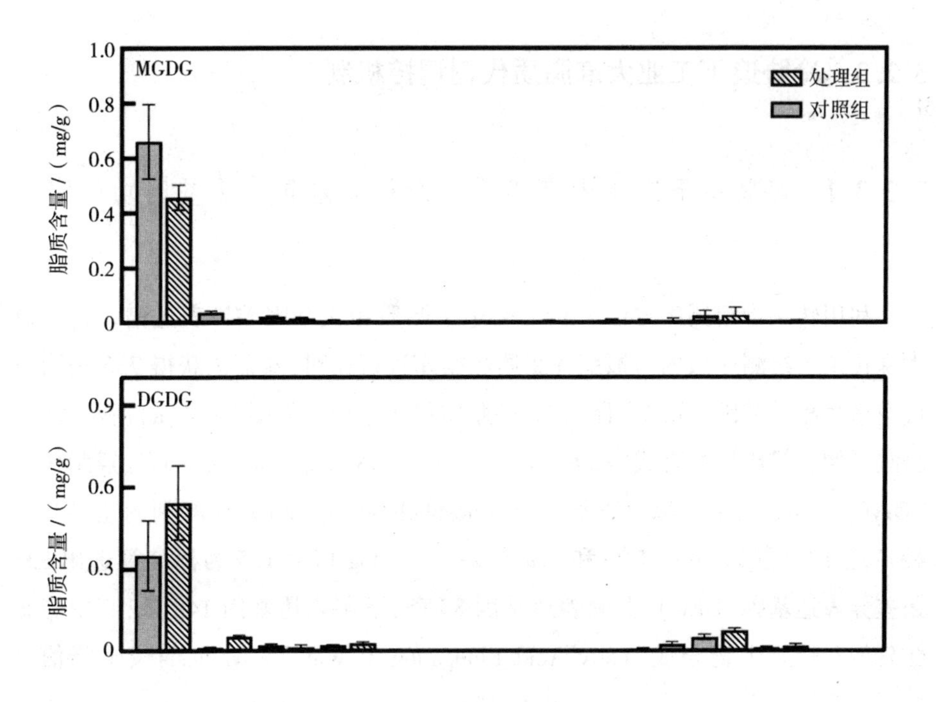

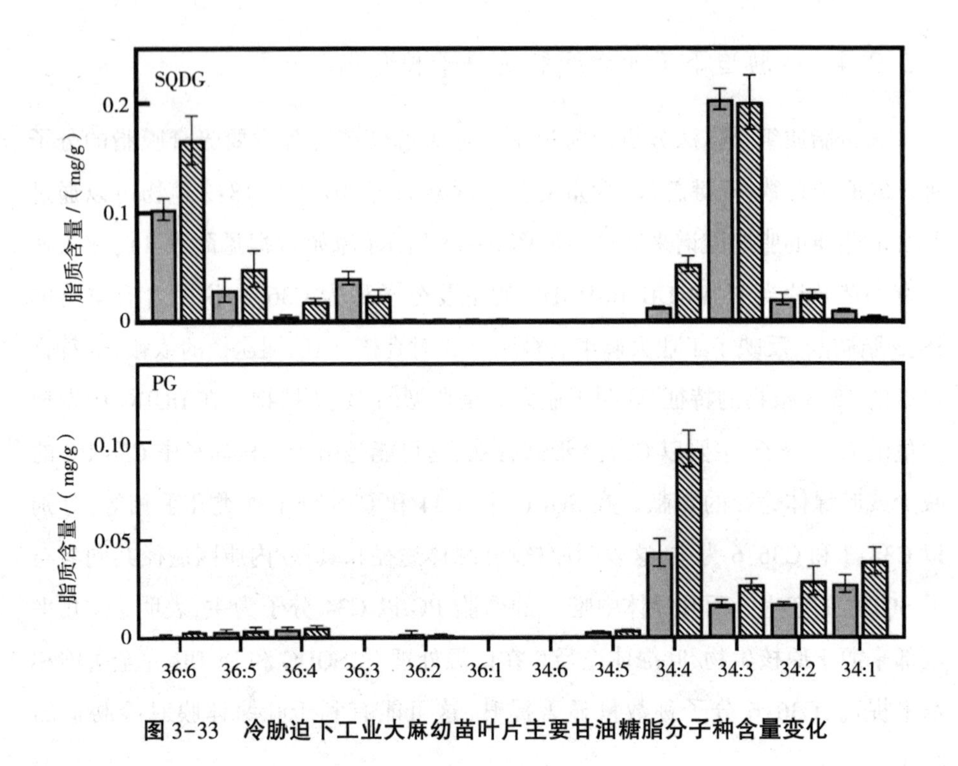

图 3-33 冷胁迫下工业大麻幼苗叶片主要甘油糖脂分子种含量变化

3.2.3 冷胁迫下工业大麻脂质代谢调控机制

3.2.3.1 冷胁迫下工业大麻脂质代谢相关差异表达基因功能富集分析

利用转录物组测序方法分析冷胁迫下脂质相关基因差异表达谱。将工业大麻转录物组测序数据与拟南芥脂质数据库进行比对,共筛选获得 732 条脂质代谢途径相关基因,分别注释到 18 条脂质代谢途径。如图 3-34(a)所示,以脂肪酸延伸和蜡质生物合成“Fatty Acid Elongation & Wax Biosynthesis”、羟脂代谢“Oxylipin Metabolism”以及磷脂信号“Phospholipid Signaling”注释到的差异基因最多,占比分别为 16%、12%和 9%。以 $-1.5 \leqslant \log_2 FC \leqslant 1.5$ 为标准筛选出 233 条差异表达基因(DEG),上调表达基因 85 条,下调表达基因 148 条,其中脂肪酸延伸和蜡质生物合成“Fatty Acid Elongation & Wax Biosynthesis”、磷脂信号

"Phospholipid signaling"以及甘油三酯生物合成"Triacylglycerol Biosynthesis"途径的显著上调表达基因最丰富,分别为 20、13 和 12 条,下调表达基因主要富集在羟脂代谢"Oxylipin Metabolism"、脂肪酸延伸和蜡质生物合成"Fatty Acid Elongation & Wax Biosynthesis"及软木脂合成与运输"Suberin Synthesis & Transport"途径中,分别为 39、23 和 11 条。显著差异表达基因中磷脂信号"Phospholipid signaling"、甘油三酯生物合成"Triacylglycerol Biosynthesis"和真核磷脂合成与编辑"Eukaryotic Phospholipid Synthesis & Editing"途径中上调表达基因高于下调表达基因,上、下调表达基因数分别为 13/9、12/5 和 6/4 个,如图 3-34(b)所示。说明冷胁迫下脂质代谢途径在转录水平被激活。

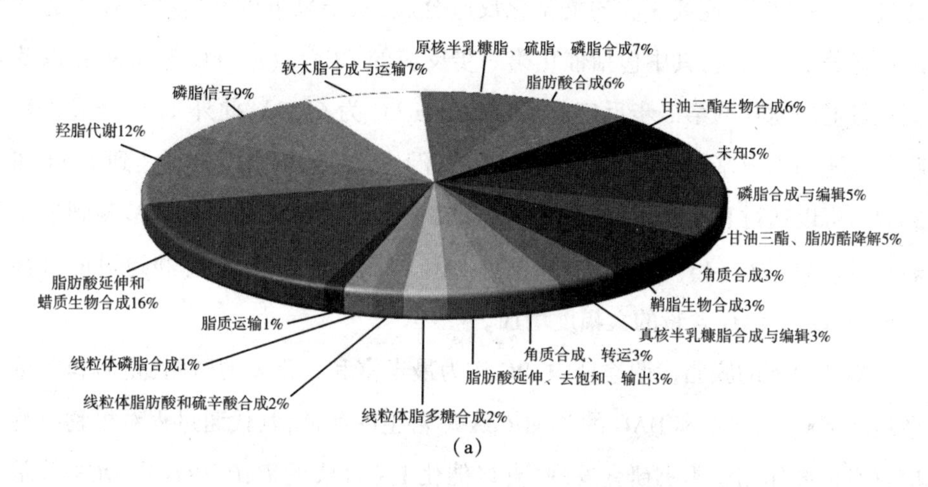

(a)

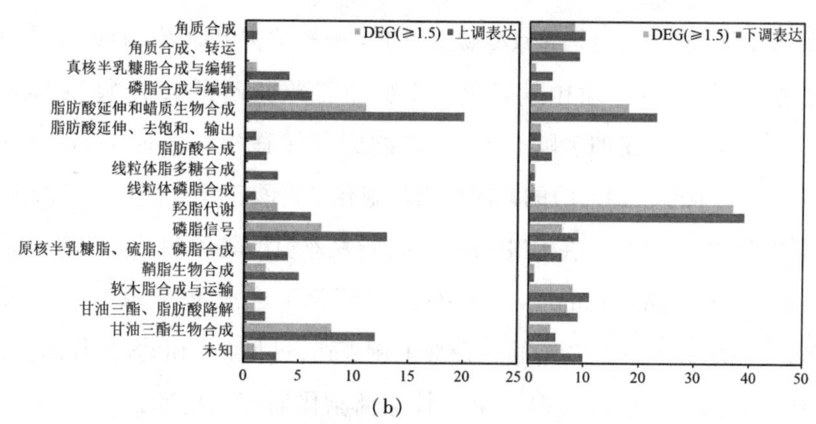

(b)

图 3-34　冷胁迫下工业大麻叶片中脂质相关差异表达基因分类

注:此图仅做示意,如有需要请向作者索取。

3.2.3.2 冷胁迫下脂代谢途径相关差异表达基因分析

对脂质差异表达基因进行进一步筛选($\log_2 FC \geq 1.0$,$FDR \leq 0.01$),以明确脂质代谢途径在冷胁迫下发挥的作用,共筛选出47个可能在工业大麻冷响应过程发挥重要作用的脂质代谢途径关键基因。冷胁迫下,脂质代谢途径中的差异表达基因主要分布于甘油三酯从头合成(*de novo* synthesis)、膜脂代谢和脂肪酸代谢3个主要生物过程中,见表3-3。TAG作为植物脂质的主要贮存形式,主要通过内质网的从头合成途径合成,该途径也称为肯尼迪途径,该途径主要通过G-3-P经过连续3步的酰基化反应合成,从结果可以看出该途径中的基因均显著上调表达,其中包括催化第一步反应的*GPAT7*($\log_2 FC$为6.39),以及催化肯尼迪途径的第二步反应的*LPAT2*($\log_2 FC$为6.39),此外TAG合成过程唯一限速酶编码基因*DGAT1*和*DGAT2*显著上调表达,$\log_2 FC$分别达到1.34和2.57。可以通过直接利用PC和DAG合成TAG的*PDAT*基因也被检测到上调表达($\log_2 FC$为1.43)。以上结果表明TAG合成途径被激活,冷胁迫可能直接造成DAG和TAG含量的大幅度增加。

冷胁迫下的膜脂代谢途径中,PC作为最丰富和最重要的磷脂,是质膜的重要组成部分,是PA和DAG的Acyl CoA库再生的前体,其代谢过程对植物冷响应具有重要作用。本书研究发现,直接催化PA合成的*PAP*、*PLD*和*DGK*等基因显著上调表达,可能是导致冷胁迫下PA积累的主要原因。DAG是甘油磷脂代谢过程重要的代谢中间产物,可通过乙醇胺磷酸转移酶(ethanolamine phosphotransferase,EPT)和乙醇胺-磷酸胞苷转移酶(ethanolamine-phosphate cytidylyltransferase,PECT)的共同作用与胞苷二磷酸乙醇胺(CDP-乙醇胺)协同作用产生PE,而PE可在CDP-DAG-磷脂酰丝氨酸转移酶(CDP-diacylglycerol-serine O-phosphatidyltransferase,PSS)的催化下合成PS。由结果可以看出,*EPT1*、*PECT*和*PSS*均受冷胁迫诱导上调表达,可见PE和PS的代谢途径受冷胁迫诱导激活。此外,鉴定3个与甘油糖脂代谢相关的基因,1个*MGD*基因(LOC115707728,$\log_2 FC$为2.41)、一个*DGD*基因(LOC115706653,$\log_2 FC$为1.15)以及一个*SQD*的基因(LOC115697608,$\log_2 FC$为1.26)均显著上调,表明冷胁迫下甘油酯合成代谢在工业大麻冷响应中具有重要作用。

冷胁迫下,脂肪酸合成酶编码基因 *FATA* 和 *FATB* 以及参与脂肪酸去饱和过程的2个 *FAD2* 和1个 *FAD8* 受冷胁迫诱导上调表达,$\log_2$FC 值分别为1.66、2.81、2.31、3.72和2.24,促进了不饱和脂肪酸的形成,增加了膜脂流动性,增强了对冷胁迫的抵抗能力。脂肪酸的β氧化作为α-亚麻酸代谢途径的核心过程,参与其过程的关键基因,乙酰辅酶A氧化酶(acetyl-CoA oxidase,ACOX1)和乙酰辅酶A酰基转移酶(acetyl-CoA acyltransferase,ACAA1)的编码基因均显著上调表达,$\log_2$FC 分别为1.34和1.04,说明冷胁迫下工业大麻脂肪酸β氧化过程被显著激活。对工业大麻冷胁迫下脂肪酸代谢途径差异基因进行进一步分析发现,工业大麻耐冷相关基因中有11个编码脂氧合酶的基因、1个编码氧化烯合成酶(allene oxide synthase,AOS)的基因以及1个编码茉莉酸甲基转移酶(jasmonic acid carboxyl methyltransferase,JCMT)的基因在冷胁迫下显著上调表达。JCMT不但参与α-亚麻酸代谢途径,而且在茉莉酸(JA)生物合成途径中具有关键作用,表明JA信号转导途径在冷胁迫下被激活。然而,冷胁迫下,参与脂肪酸延长过程中的关键基因,长链酰基辅酶A合成酶(long-chain acyl CoA synthetase,LACS)、β-酮脂酰辅酶A合酶(ketoacyl CoA synthase,KCS)、β-酮脂酰辅酶A还原酶(ketoacyl CoA reductase,KCR)及超长链烯脂酰辅酶A还原酶(very-long-chain enoyl CoA reductase,TER)的编码基因均显著下调表达,表明冷胁迫下工业大麻脂肪酸延长受到抑制。

表3-3 冷胁迫下工业大麻叶片脂质相关显著差异表达基因

基因名	工业大麻 ID	假定功能	$\log_2$FC
		磷脂途径/DAG合成/PC转化为TAG/PC从头合成	
GPAT7	LOC115719537	Glycerol-3-Phosphate Acyltransferase 2	6.39
LPAT2	LOC115698116	Lysophosphatidic acid acyltransferase	1.05
DGAT1	LOC115704840	Diacylglycerol Acyltransferase 1	1.34
DGAT2	LOC115703123	Diacylglycerol Acyltransferase 2	2.57
PDAT1	LOC115705212	Phospholipid:Diacylglycerol Acyltransferase	1.43

续表

基因名	工业大麻 ID	假定功能	log_2FC
		膜脂代谢	
PAP2	LOC115715593	Phosphatidic Acid Phosphatase 2	1.16
PLA1	LOC115724200	Phospholipase A1	1.18
PLA2	LOC115704661	Phospholipase A1	1.73
Phospholipase D ζ	LOC115722753	Phospholipase D ζ	1.30
CDS4	LOC115705751	Phosphatidate cytidylyltransferase	3.29
EK1	LOC115724454	Ethanolamine Kinase 1	1.00
DGK2	LOC115712977	Diacylglycerol Kinase 2	2.63
EPT1	LOC115700577	Ethanolamine Phosphotransferase	1.24
PECT	LOC115711353	Ethanolamine-phosphate Cytidylyltransferase	2.72
PECT	LOC115716328	Ethanolamine-phosphate Cytidylyltransferase	1.11
MGD1	LOC115707728	Monogalactosyl Diacylglycerol Synthase 1	2.41
DGD2	LOC115706653	Digalactosyl Diacylglycero Synthase1	1.15
SQD2	LOC115697608	Sulfoquinovosyl Diacylglycerol Synthase1	1.26
		脂肪酸去饱和、脂肪酸形成	
FAD2	LOC115718446	Fatty Acid Desaturase 2	2.31
FAD2	LOC115719000	Fatty Acid Desaturase 2	3.72
FAD8	LOC115720710	Fatty Acid Desaturase 8	2.24
FATA	LOC115712947	Fatty Acyl Acyl Carrier Thioesterase B	1.66
FATB	LOC115712586	Fatty Acyl Acyl Carrier Thioesterase B	2.81
LACS1	LOC115710077	Long-Chain Acyl-CoA Synthetase 1	-1.41
LACS2	LOC115703179	Long-Chain Acyl-CoA Synthetase 2	-3.13
ACAA1	LOC115722526	Acetyl-CoA acyltransferase 1	1.04
ACOX1	LOC115715988	Acyl-CoA oxidase	1.34
AOS	LOC115708244	Allene Oxide Synthase	1.93
KCS6	LOC115712453	Ketoacyl-CoA Synthase 6	-2.49
KCS11	LOC115702253	Ketoacyl-CoA Synthase 11	-1.86
KCS11	LOC115695928	Ketoacyl-CoA Synthase 11	-1.67

续表

基因名	工业大麻 ID	假定功能	log_2FC
KCS12	LOC115718963	Ketoacyl-CoA Synthase 12	-1.64
KCR1	LOC115714164	Ketoacyl-CoA Reductase 1	-1.46
LOX1	LOC115718693	Lipoxygenase1	3.58
LOX1	LOC115719336	Lipoxygenase1	4.48
LOX1	LOC115709296	Lipoxygenase1	3.72
LOX1	LOC115722276	Lipoxygenase1	4.93
LOX2	LOC115719617	Lipoxygenase 2	3.62
LOX2	LOC115720530	Lipoxygenase2	4.65
LOX2	LOC115719614	Lipoxygenase2	4.39
LOX2	LOC115719616	Lipoxygenase2	4.62
LOX2	LOC115719612	Lipoxygenase2	2.10
LOX2	LOC115719615	Lipoxygenase2	1.88
LOX3	LOC115707105	Lipoxygenase2	2.94
TER	LOC115697502	Very-long-chain enoyl-CoA reductase	-1.67
JCMT	LOC115711939	Jasmonic Acid Carboxyl Methyltransferase	-4.38

3.2.3.3　冷胁迫下脂质代谢调控网络构建

为更深入理解冷胁迫下脂质代谢途径的转录调控机制，对冷胁迫下转录物组数据和脂质组学数据进行拟合分析，绘制冷胁迫下工业大麻叶片脂质代谢物的基因-代谢网络示意图，如图 3-35 所示。PA 是植物脂质信号调节的重要中间产物，对甘油磷脂、半乳糖脂及 TAG 的合成具有重要作用，PA 在植物体内可通过三条代谢途径合成：第一条发生于从头合成途径，G-3-P 可在 GPAT 和溶血磷脂酸酰基转移酶（LPAAT）共同作用下经两步连续的酰基化反应合成；第二条是 PC 和 PE 可在 PLD 的作用下水解生成 PA；第三条则是 PI 代谢途径中，无机焦磷酸盐（PPI）在磷脂酶 C（PLC）的作用下进行水解反应，产生 DAG，DAG 进一步在 DGK 的作用下进行磷酸化反应而生产 PA。由结果可以看出参与 PA 合成的基因在冷胁迫下均检测到显著上调表达趋势，导致 PA 在工业大麻叶片中积累。

DAG 是膜脂的主要组分,是半乳糖脂合成的重要前体物质,在膜脂中占比最高,主要通过 PLC 和磷脂酸磷酸酶(PAP)的水解产生。脂肪酸组成分析表明,C36:6 是 MGDG 和 DGDG 的主要分子物种,这表明 C36:4 PC 产生的 C36:4 DAG 是 MGDG 和 DGDG 生产的主要前体。冷胁迫下,工业大麻叶片中 C36:6 MGDG 含量显著降低,导致工业大麻叶片的膜脂不饱和程度降低,并导致叶绿体膜脂含量降低,直接影响了膜脂流动性和完整性,进而可能抑制工业大麻进行光合作用。然而冷胁迫下,工业大麻幼苗叶片的 *MGD*、*DGD* 和 *SQD* 显著上调表达,可在一定程度上促进 DGDG 和 SQDG 的积累,尤其是 36:6、36:5 DGDG 以及 36:6、36:5 SQDG 的含量,提升了冷胁迫下膜脂不饱和程度,进而在一定程度上缓解冷胁迫导致的光合作用受损。

此外,冷胁迫下工业大麻 TAG 合成限速酶编码基因 *DGAT* 显著上调表达,对 TAG 积累具有极大的促进作用,导致 TAG 在冷胁迫下积累。TAG 可在磷脂酶 A(PLA)的水解作用下形成游离脂肪酸,进而激活脂肪酸的 β 氧化过程并促进脂肪酸链延长。冷胁迫下,植物一方面可通过脂肪酸的 β 氧化过程释放 Acyl CoA,促进多不饱和脂肪酸形成,进而提升膜脂的不饱和程度,增强对冷胁迫的抵抗能力。与此同时,脂肪酸的 β 氧化过程是 α-亚麻酸(C18:3)代谢的核心步骤,C18:3 的积累不仅可以增加膜脂的不饱和度,还可以前体物质形式通过 α-亚麻酸代谢过程形成逆境响应的关键信号物质 JA。冷胁迫下,工业大麻参与 α-亚麻酸代谢途径的关键基因显著上调表达,表明冷胁迫促进 JA 的生物合成,从而调节工业大麻的冷适应过程。另一方面,脂肪酸的 β 氧化过程可通过释放三磷酸腺苷(ATP),为细胞活动提供能量物质。同时,本书研究发现冷胁迫下,参与工业大麻脂肪酸链延伸的关键基因显著下调表达,导致冷胁迫下长链脂肪酸的合成受到抑制。

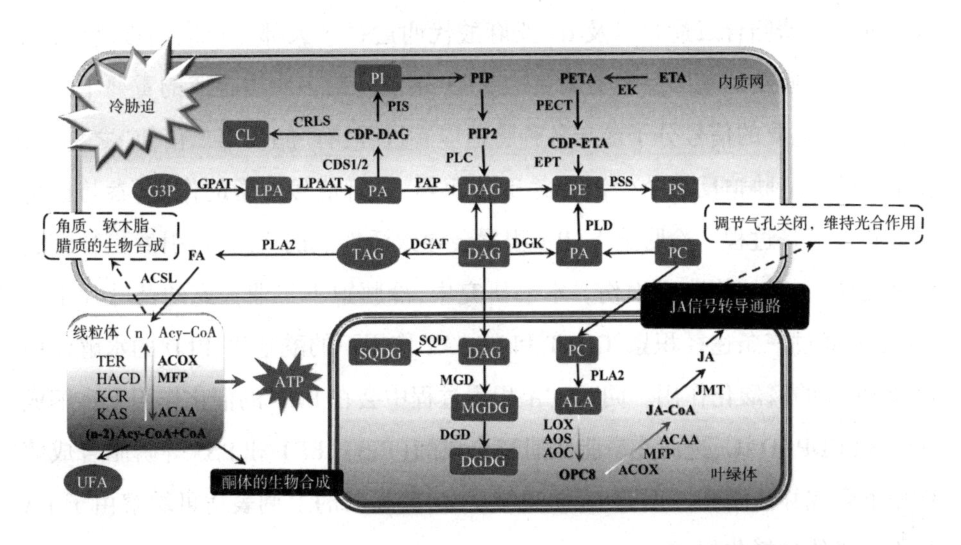

图3-35　冷胁迫下工业大麻叶片脂质代谢物的基因-代谢网络示意图

3.3　讨论

植物脂质作为细胞膜的结构物质，是细胞的重要组成成分，为植物新陈代谢提供能量储备，并可作为信号转导物质参与植物胁迫应答等过程。目前，模式植物拟南芥中共有600余个脂质代谢相关基因被鉴定出来，这些基因至少参与植物脂质代谢通路的120余个酶促反应。

大麻是我国最古老的农作物之一，因其工业、观赏、营养和药用潜力而得到广泛应用。大麻籽油是一种营养丰富的食用油，脂肪含量为25%~35%，具有独特的脂肪酸组成，其特征是高水平的多不饱和脂肪酸和低水平的饱和脂肪酸。根据环境和遗传因素的不同，大麻籽油可含有高达90%的不饱和脂肪酸，其中70%以上由多不饱和脂肪酸组成。然而关于工业大麻脂质合成机制，尤其是脂质在冷响应中的作用目前还未见系统性研究。因此，本书研究利用转录物组和脂质组检测技术，对冷胁迫下工业大麻脂质代谢信号途径的差异表达基因及代谢产物进行拟合分析，以明确冷胁迫下工业大麻的脂质代谢调控模式。

本书研究表明,冷胁迫下,内质网中的磷脂合成途径、TAG 合成途径、叶绿体中的半乳糖脂合成途径以及 α-亚麻酸代谢途径的大部分反应均被激活,参与这些信号通路的基因呈现上调表达。PA 不仅是诸多脂质合成的重要中间产物,还作为重要的信号分子参与各种胁迫应答过程,有“脂质第二信使”之称,可在不同的逆境胁迫反应中受诱导并迅速积累,执行信号分子的作用,参与植物逆境胁迫应答过程。冷胁迫下,PA 积累会导致活性氧的产生,可引发植物膜脂过氧化作用,对植物造成损伤。本书研究中,冷胁迫下工业大麻幼苗叶片中的 PA 主要通过三条途径积累,GPAT 和 LPAAT 作用下的酰基化、PLD 的水解作用以及 DGK 的磷酸化作用。同时,PA 积累过程中会在 PAP 的催化作用下水解成 DAG 和 CDP-DAG,进而在磷脂酰肌醇合成酶(PIS)、EPT 和 PSS 等磷脂合成酶作用下合成甘油磷脂。因而,冷胁迫下 *PAP* 等基因的上调表达可缓解由于 PA 积累造成的过氧化损伤。

叶绿体和光合膜可响应环境变化,主要通过改变类囊体膜的结构、基粒堆叠的大小、叶绿素含量和数量等来适应光强度和质量的改变。在植物绿色组织中,半乳糖脂 MGDG 和 DGDG 是光合膜(叶绿体和类囊体膜)的主要成分,大都分布于类囊体膜中,与植物的膜结构和光合作用特性密切相关。植物中脂肪酸的合成仅发生在叶绿体中,而甘油脂质的代谢则依赖于原核途径和真核途径两条独立的途径。在一些植物中,甘油脂质合成的前体完全来自真核途径,因此携带大量的 18:3 脂肪酸,被称为 18:3 植物。在本书研究中,工业大麻叶片中 C36:6 MGDG 和 DGDG 占主导地位,说明两种半乳糖脂主要是通过真核途径产生的,因此工业大麻为 18:3 的植物。一般而言,逆境胁迫条件下,植物体内的 MGDG 合成受到抑制,含量降低。有研究证实,冷胁迫下 MGDG 含量降低可能是自身降解导致的,在糖基水解酶 SFR2 的水解作用下最终产生寡聚半乳糖脂和 DAG。本书研究中,冷胁迫下工业大麻 C36:6 分子种的 MGDG 含量大幅降低,这减少了类囊体膜脂的含量,导致类囊体膜脂的不饱和度降低,对类囊体膜造成损伤,从而影响工业大麻的光合作用。此外,本书研究发现,类囊体膜脂 DGDG 和 SQDG 组分显著增加,尤其是 C36:6 DGDG 和 C36:5 DGDG 等多不饱和分子种的含量,在一定程度提升了工业大麻膜脂不饱和程度,并弥补因

MGDG 含量降低导致类囊体膜脂含量降低，进而增强类囊体膜在冷胁迫下的流动性与完整性，缓解由于冷胁迫造成的光合速率降低。对代谢过程的主要编码基因进行分析发现，*MGD*、*DGD* 和 *SQD* 在冷胁迫下显著上调表达，促进 DGDG 和 SQDG 的积累。在拟南芥中的研究中发现，对 *DGD1* 基因进行敲除，会导致突变体阻碍膜集光复合体Ⅰ形成，破坏光系统Ⅰ(PSⅠ)的稳定性，缩短叶绿素荧光寿命。冷胁迫下 SQDG 可与光系统Ⅱ(PSⅡ)复合体结合来维持其稳定构象。综上，冷胁迫下工业大麻叶片中 *MGD*、*DGD* 和 *SQD* 显著上调表达促进了 DGDG 和 SQDG 积累，对维持叶绿体结构完整，保证光合作用的正常进行具有关键作用。

脂肪酸代谢途径广泛参与植物应激反应，在工业大麻响应冷胁迫过程中具有重要的调控作用。本书研究结果表明，冷胁迫下，参与脂肪酸 β 氧化过程中的关键基因显著上调表达，然而涉及脂肪酸延长过程中的关键基因显著下调表达，以上结果表明，冷胁迫下工业大麻可通过缩短脂肪酸的碳链长度响应冷胁迫。短链脂肪酸和不饱和脂肪酸熔点相较于长链脂肪酸和饱和脂肪酸更高，因而，冷胁迫下，植物可通过降低脂肪酸链长度，增加脂肪酸不饱和程度以避免膜脂相变，维持细胞膜的流动性和完整性，与本书研究结果相一致。脂肪酸 β 氧化过程是 α-亚麻酸代谢过程的核心步骤，冷胁迫下，工业大麻的 α-亚麻酸代谢途径被激活，在 *LOX*、*AOS* 及 *AOC* 的催化作用下将 18:3 转化为 12-氧-植物二烯酸 (12-oxo Phytodienoic Acid，OPDA)，OPDA 作为 JA 合成的底物，可经 3 次脂肪酸 β 氧化循环合成。拟南芥中，JA 作为重要的信号调节物质，冷胁迫下可通过调控 CBF(C-repeat binding factor)通路促进植物保护化合物的合成，进而可与其他植物激素相互作用调节气孔关闭，维持光合作用的正常进行。因而，冷胁迫下工业大麻可能通过激活 α-亚麻酸代谢促进 JA 的合成，以此激活 JA 信号转导途径来提升植物耐冷性。

3.4 小结

为进一步分析工业大麻耐冷的脂质代谢调控机理，本章采用转录物组测序和脂质组检测技术，分别对冷胁迫下脂质代谢途径上的差异表达基因以及差异代谢产物进行分析，构建冷胁迫下工业大麻脂质代谢调控网络。冷胁迫下共检测到差异表达基因总数为 5 936 个，其中上调表达基因 2 687 个，下调表达基因 3 249 个，对转录物组数据进行深入挖掘分析，共筛选出 732 条脂质代谢途径相关基因，分别注释到 18 条脂质代谢途径当中。差异表达基因主要在 TAG 合成、脂肪酸代谢及膜脂代谢过程富集，其中脂肪酸延伸和蜡质生物合成、磷脂信号以及甘油三酯生物合成途径的显著上调表达基因最丰富，分别为 20、13 和 12 条，说明冷胁迫下脂质代谢途径在转录水平被激活。

采用脂质组学检测技术对组成细胞膜的主要磷脂类、形成叶绿体类囊体膜的主要糖脂类以及脂质代谢的中间产物 DAG 和贮存脂质 TAG 进行分析。表明半乳糖脂 MGDG、DGDG 和 SQDG 是最丰富的脂质种类，其中 MGDG 含量最高。冷胁迫下 DGDG 含量显著上升，MGDG 含量显著降低。冷处理下磷脂 PA、PG、PS 均受冷胁迫诱导，三种溶血磷脂的水平相对较低。但在冷胁迫处理下 LPC、LPE 和溶血磷脂酰甘油（LPG）的含量水平均增加。脂质代谢的中间产物 DAG 和贮存脂质 TAG 含量变化分析结果显示，冷胁迫下，工业大麻叶片中的 DAG 及 TAG 含量均显著增加。分子种分析结果显示，MGDG 和 DGDG 的主要分子种为 C36:6，说明其含有丰富的 18:3 脂肪酸，反映了工业大麻半乳糖脂合成对真核/内质网途径的依赖，说明工业大麻是典型的 18:3 植物。冷胁迫下，类囊体膜脂 DGDG 和 SQDG 组分显著增加，尤其是 C36:6 DGDG 和 C36:5 DGDG 等多不饱和分子种的含量，在一定程度提升了工业大麻膜脂不饱和程度，并弥补因 MGDG 含量降低导致类囊体膜脂含量降低，增强了类囊体膜在冷胁迫下的流动性与完整性。

对转录物组数据和脂质组数据进行拟合，构建冷胁迫下工业大麻脂质代谢调控网络。冷胁迫下，内质网中的磷脂合成途径、叶绿体中的半乳糖脂合成途径和 α-亚麻酸代谢途径的大部分反应均被激活，且催化这些反应步骤的基因大多呈上调表达。冷胁迫下工业大麻叶片中参与 PA 合成的基因在冷胁迫下均检测到显著上调表达趋势，导致 PA 在工业大麻叶片中积累。同时，冷胁迫下工业大麻 TAG 合成限速酶编码基因 *DGAT* 显著上调表达，对 TAG 积累具有极大的促进作用，导致TAG在冷胁迫下积累，说明TAG对冷胁迫具有缓解作用。此外，冷胁迫下，*MGD*、*DGD*和*SQD*显著上调表达促进DGDG和SQDG积累，对维持叶绿体结构完整，保证光合作用的正常进行具有关键作用。冷胁迫下，工业大麻α-亚麻酸代谢和脂肪酸β氧化途径被激活，可进一步通过JA信号通路响应冷胁迫。

第 4 章　工业大麻 *CsDGAT* 基因家族的全基因组鉴定及表达模式分析

植物脂质及代谢中间产物是生物膜和逆境信号分子的重要组成部分,容易受到环境因素的影响。低温是影响作物地理分布、产量和品质的主要环境因子,与大麻籽中的脂肪酸、蛋白质等营养物质密切相关。研究表明,植物可以通过体内积累 PA、DAG 和 TAG 等脂质响应冷胁迫。DGAT 是磷脂和糖脂合成的重要底物竞争者,而糖脂是生物膜的重要组成部分,其编码基因在协调脂代谢方面起着至关重要的作用。研究表明,在低温处理下,PC 向 TAG 的转化率更高,*DGAT1* 基因在耐冷植物中的表达高于敏感植物,促进 TAG 在冷胁迫下的积累。拟南芥通过在冷胁迫下过表达 *AtDGAT2* 基因将 DAG 转化为 TAG,以提高植物的耐冷性。综上,研究 *CsDGAT* 基因的特性及冷响应模式对提高工业大麻的品质及耐冷性具有重要价值。然而,目前关于大麻中含有多少 *DGAT* 基因,其成员的功能以及冷响应的模式等问题还需要进一步研究。

DGAT 酶控制着脂质合成过程中的限速步骤,但尚不清楚工业大麻 *CsDGAT* 基因的拷贝数、序列、结构、进化关系和时空表达模式。因此,本书研究对 *CsDGAT* 基因家族进行全面生物信息学分析,在全基因组水平鉴定分离 *CsDGAT* 家族成员,分析 *CsDGAT* 基因的四类不同亚型(*DGAT1*、*DGAT2*、*DGAT3*、*WS/DGAT*)的基因特性,并与其他植物的 *DGAT* 基因进行比较分析。与此同时,对 *CsDGAT* 的基因结构、保守结构域、跨膜区、染色体定位和共线性、系统发育关系、亚细胞定位和顺式作用元件进行研究。此外,利用实时定量反应和转录物组数据分析方法研究鉴定 *CsDGAT* 在不同品种、组织及种子不同发育阶段的表达模式以及对冷胁迫的响应模式。这些发现将为了解 *CsDGAT* 基因家族的进化和这些基因的性质提供新的见解,从而为进一步研究它们在工业大麻生长发育中的生物学功能提供理论基础。

4.1　实验材料与方法

4.1.1　*CsDGAT* 基因家族成员鉴定

大麻基因组序列信息从 NCBI 数据库(GenBank:GCA_900626175.2)

下载。以拟南芥 *DGAT* 基因为参照,使用 BLASTP 对参考序列蛋白质数据库进行序列相似性搜索,对同源 *CsDGAT* 基因家族成员进行鉴定。为鉴定出其他 *CsDGAT*,特别是单个基因,使用 HMMER3 程序对工业大麻基因模型进行 HMM 搜索查询。得到的序列使用在线工具 SMART 和 NCBI 的 CDD 分析工具进行结构域分析,去除不包含特征结构域的序列,最终得到 *CsDGAT* 基因家族所有成员。采用 ExPASy 用于计算本书确定的 CsDGAT 蛋白的等电点(pI)和分子量。用 Softberry 和 Cello 工具分析鉴定出 CsDGAT 的亚细胞定位。

4.1.2　序列同源性与系统发育分析

在 Phytozome 13.0 和 NCBI 数据库获取其他物种 *DGAT* 基因家族成员蛋白序列及相关信息,包括单子叶植物、真核植物、蕨类、苔藓和藻类。使用 ClusalW 对序列进行比对,利用 MEGA X 进行同源序列比对,采用邻接法(neighbor-joining method)构建系统进化树,所有序列详情见附表 1。

4.1.3　染色体分布与共线性分析

基于基因组序列和注释文件提取 *CsDGAT* 基因的染色体位置,进而鉴定 *CsDGAT* 在不同染色体上的定位。利用 TBtools 软件的 MCScanX 工具对 *C. sativa* 与其他 12 个选择的物种 *Zea mays*(GCF_902167145.1)、*Oryza sativa*(GCF_001433935.1)、*Sorghum bicolor*(GCF_000003195.3)、*Arabidopsis thaliana*(GCF_000001735.4)、*Gossypium darwinii*(GCA_013677245.1)、*Glycine max*(GCF_000004515.6)、*Brassica napus*(GCF_000686985.2)、*Arachis hypogaea*(GCF_003086295.2)、*Ricinus communis*(GCF_000151685.1)、*Sesamum indicum*(GCF_000512975.1)、*Helianthus annuus*(GCF_002127325.2)、*Juglans regia*(GCF_001411555.2)的同源基因进行共线性分析。

4.1.4 基因结构和保守蛋白质结构域的分析

CsDGAT 基因外显子-内含子结构用基因结构显示服务器(GSDS)显示。使用 NCBI CDD 和 SMART 在线工具识别保守的蛋白质结构域。使用 IBS 工具生成 *DGAT* 基因结构。用 MEME Suite(minimum width≥6,maximum width=50)鉴定 *CsDGATs* 的保守氨基酸序列。使用 TMHMM-2.0 在线工具预测跨膜结构域。DNAMAN 工具用于家族成员的多重序列比对和可视化。使用 SOPMA 评估蛋白序列的二级结构。使用 SWISS-MODEL 在线工具评估蛋白的三级结构。

4.1.5 顺式作用元件分析

获取已鉴定 *CsDGAT* 启动子的上游 2000 bp 序列,并采用 PlantCare 在线软件程序分析 *CsDGAT* 启动子中顺式作用元件的数量和类型。采用 PowerPoint、GraphPad Prism 和 TBTools 进行结果可视化。

4.1.6 亚细胞定位分析

采用 Primer 5.0 软件设计包括酶切位点在内的引物(表 4-1),将每个候选基因的全长编码序列(CDS)克隆到 pBWA(V)HS-GFP 载体中。通过电转化技术将 pBWA(V)HS-CsDGATs-GFP 载体导入根癌农杆菌(EHA105)中,以空载体为阴性对照。将转化成功的细胞培养在含卡那霉素(50 mg/L)的 LB 液体培养基中,离心收集细菌,悬浮在含有 10 mmol/L 2-吗啉乙磺酸(MES,pH 5.7)、10 mmol/L 氯化镁和 150 μmol/L 乙酰丁香酮的溶液中。将悬液在黑暗中培养,至 OD_{600} 为 0.8~1.0。使用无针注射器将该菌剂渗透到 4 周龄的本氏烟草叶片的下表皮,直到叶片完全渗透。将这些烟叶在黑暗中培养 3 天,然后使用激光共焦显微镜(尼康 C2-ER)观察绿色荧光蛋白(GFP)荧光信号,确定蛋白亚细胞定位情况。

表 4-1 用于亚细胞定位的引物序列

基因名	序列
CsDGAT1F	cagtCGTCTCacaacatggcgatttcagattcgcc
CsDGAT1R	cagtCGTCTCatacattcatttgtcccttttcggt
CsDGAT2F	cagtCGTCTCacaacatggtgctggataatcagaa
CsDGAT2R	cagtCGTCTCatacaaaggactttcaactcaaggt
CsDGAT3F	cagtCGTCTCacaacatggaggtttccgggttccttcc
CsDGAT3R	cagtCGTCTCatacaaactgatgcagccaaccccaaatcattg
CsWSD1. 1F	cagtGGTCTCacaacatgagtgggggcggcgatg
CsWSD1. 1R	cagtGGTCTCatacagacaatttccttgttcatcctctgctcaagaatag
CsWSD1. 4F	cagtCGTCTCacaacatggaacctgaagaaggtagtgttcgac
CsDWSD1. 4R	cagtCGTCTCatacattccataacagtagtttttgactgatatttctcaactacag

4.1.7 *CsDGAT* 在不同组织和品种中的表达谱分析

从 NCBI 上下载 9 个不同大麻品种的雌性花序的转录物组测序(PRJNA498707)数据,包括 Mama Thai(MT)、White Cookies(WC)、Canna Tsu(CT)、BlackLime(BL)、Temple(T)、Cherry Chem(CC)、BlackBerry Kush(BB)、Sour Diesel(SD)、Valley Fire(VF)品种。工业大麻根、茎、叶、花和种子的转录数据由本书完成(PRJNA899681)。此外,利用受粉后不同发育时期(10 天、20 天、27 天)工业大麻种子的转录物组数据(PRJNA513221),分析工业大麻种子不同发育阶段 *CsDGAT* 基因的表达谱。电子表达谱使用 TBtools 工具构建。于 2021 年 10 月采集了雌性大麻植株的根、茎、叶、花和种子组织的样本,并用液氮快速冷冻进行 qPCR 分析。

4.1.8 冷处理与 qPCR

本书以黑龙江省农科院经济作物研究所选育的“龙大麻 9 号”大麻品种

为实验材料，进行低温处理和基因表达分析。工业大麻幼苗于 25 ℃的温室种植，每天提供 16 h 的人工光源光照和 8 h 的黑暗。幼苗生长到长出 4 对真叶后进行 4 ℃低温处理。在冷胁迫前（0 h）、冷胁迫后 12 h、24 h、48 h 和 72 h 采集这些植物的叶片，每个处理有 3 个重复实验。所有样品由液氮速冻，存于-80 ℃。

采用 RNA 取试剂盒（Omega Bio-Tek）提取工业大麻总 RNA，使用 EasyScrip 一步法去除 gDNA，并使用 SuperMix（TransGen）制备 cDNA。使用 TransStart Top Green qPCR SuperMix（TransGen）进行 qPCR 分析。以 *CsActin7* 为内参基因，采用比较 $2^{-\Delta\Delta Ct}$ 法检测相关基因的表达。所有实验都包括 3 个生物学重复和 3 个技术重复。用于该分析的引物见表 4-2。

表 4-2　用于实时定量分析的引物序列

基因名	序列	长度/bp
CsACTINF	TGATGAGTCAGGTCCATCCA	205
CsACTINR	GCCTCTCTCAAAAGCAGCAG	
QCsDGAT1F	AATACCAAAGGGAGGTGCCA	237
QCsDGAT1R	AGGAGCACACACATCGGTTG	
QCsDGAT2F	CTTAGTCCCAGGTGGAGTGC	168
QCsDGAT2R	CCAGGCTTCCACCACTTGTA	
QCsDGAT3F	GAGGCGTTGTCCATCTCCAA	191
QCsDGAT3R	ATGCTTGCCATTCGTTCAGC	
QCsWSD1. 1F	CCCCGAGCGTTTATGGTCA	93
QCsWSD1. 1R	CATTTGGGTCAACCGCCAGA	
QCsWSD1. 2F	GAGTCCAGCAGGCCAACTTT	146
QCsWSD1. 2R	GCAAACTACAGAAGCGTGGG	
QCsWSD1. 3F	CCGTGGGAATTACACAGGCT	179
QCsWSD1. 3R	CCCCCACTTTGCTTCGCTAT	

续表

基因名	序列	长度/bp
QCsWSD1.4F	ACTGAAGCAAAGTGGGGAA	230
QCsWSD1.4R	GCCATTGTGGTGTTGCAGAA	
QCsWSD1.5F	AACCTCTGACCCCGAAAAGC	124
QCsWSD1.5R	CATTGCCAACCAAACACGCA	
QCsWSD1.6F	TGACCGAAAGAAGCACTCCC	135
QCsWSD1.6R	TTCGAGAACGCCATTGTTGC	
QCsWSD1.7F	GAAGCCGTCAAGTCCCAGAT	216
QCsWSD1.7R	CATTTCCGCCAGGTACTCGT	

4.1.9 统计分析

采用 GraphPad Prism 8.0 软件进行单因素方差分析,采用 Duncan's 检验方法进行多重比较和差异显著性分析,其中图形数据为三次或三次以上重复的平均值。对照组和冷处理样本之间的显著差异表现为 * ($p < 0.05$), ** ($p < 0.01$)。

4.2 结果与分析

4.2.1 *CsDGAT* 基因家族成员的鉴定

使用隐马尔可夫模型(HMM)和 BLASTP 方法进行全基因组比对以鉴定工业大麻 *DGAT* 基因家族成员。已鉴定成员经 Pfam 和 SMART 验证后删除冗余序列。最终在工业大麻基因组中鉴定 10 个 *DGAT* 基因家族成员,并根据其亚家族命名为 *CsDGAT1*、*CsDGAT2*、*CsSGAT3*、*CsWSD1.1*、*CsWSD1.2*、*CsWSD1.3*、

CsWSD1.4、*CsWSD1.5*、*CsWSD1.6* 和 *CsWSD1.7*。这些基因编码的蛋白质平均长度为480个氨基酸,蛋白质序列长度范围为327 aa(LOC115703123)至556 aa(LOC115708250)。这些蛋白质的预测分子量为37~62 kDa。此外,理论等电点pH值在7.0至9.5之间变化,pH值超过7.0表明这些蛋白质是碱性蛋白。对于基于两种不同在线工具的亚细胞定位预测,CsDGAT1和CsDGAT2定位一致,均在膜上,CsDGAT3和大多数WS/DGAT蛋白通过不同软件预测的结果存在差异,且定位较为多元。CsDGAT1和CsDGAT2定位于内质网或质膜。相反,CsDGAT3和不同的WS/DGAT家族蛋白定位于不同的细胞器。

表4-3 *CsDGAT* 基因家族成员鉴定详细信息

基因编号	基因名	染色体	长度/aa	分子量/kDa	等电点pH值	亚细胞定位
LOC115704840	*CsDGAT1*	1	547	62.403 94	8.7	内质网、质膜
LOC115703123	*CsDGAT2*	X	327	37.142 85	9.5	内质网、质膜
LOC115722532	*CsDGAT3*	9	345	37.164 42	8.8	胞外、细胞核、叶绿体
LOC115717092	*CsWSD1.1*	5	496	55.364 13	8.7	内质网、质膜、线粒体
LOC115708124	*CsWSD1.2*	1	532	60.178 38	8.1	内质网、细胞核、质膜
LOC115703623	*CsWSD1.3*	1	511	58.016 73	9	内质网、质膜
LOC115705098	*CsWSD1.4*	1	541	60.689 99	8.3	内质网、细胞质、细胞核
LOC115718623	*CsWSD1.5*	2	480	53.843 73	9.4	内质网、质膜
LOC115708250	*CsWSD1.6*	1	556	62.914 37	7	内质网、质膜、细胞核、线粒体
LOC115702949	*CsWSD1.7*	X	473	53.178 78	8.7	内质网、质膜、细胞质、叶绿体

4.2.2 *CsDGAT* 基因家族成员系统发育分析

为评价 *CsDGAT* 基因与近缘物种之间的进化关系,使用MEGA X(Neighbor-

Joining)构建一个包含50个代表性物种的162个*DGAT*基因的蛋白质序列的系统发育树(详细信息见附表5)。DGAT氨基酸序列产生了一棵分支明确的树,揭示了不同DGAT类型的4个主要亚家族的形成,其中4个主要的DGAT亚家族相互分离,包括DGAT1、DGAT2、DGAT3和WSD分支,如图4-1所示。在每个分支中,可以观察到单子叶植物和双子叶植物也在这些分支中形成不同的簇。CsDGAT1、CsDGAT2、CsDGAT3和CsWSD蛋白质分别与DGAT1、DGAT2、DGAT3和WSD分支聚在一起。这里鉴定的CsDGAT与双子叶植物的DGAT蛋白关系更密切,并与本书分析中其他物种编码的CsDGAT相分离。

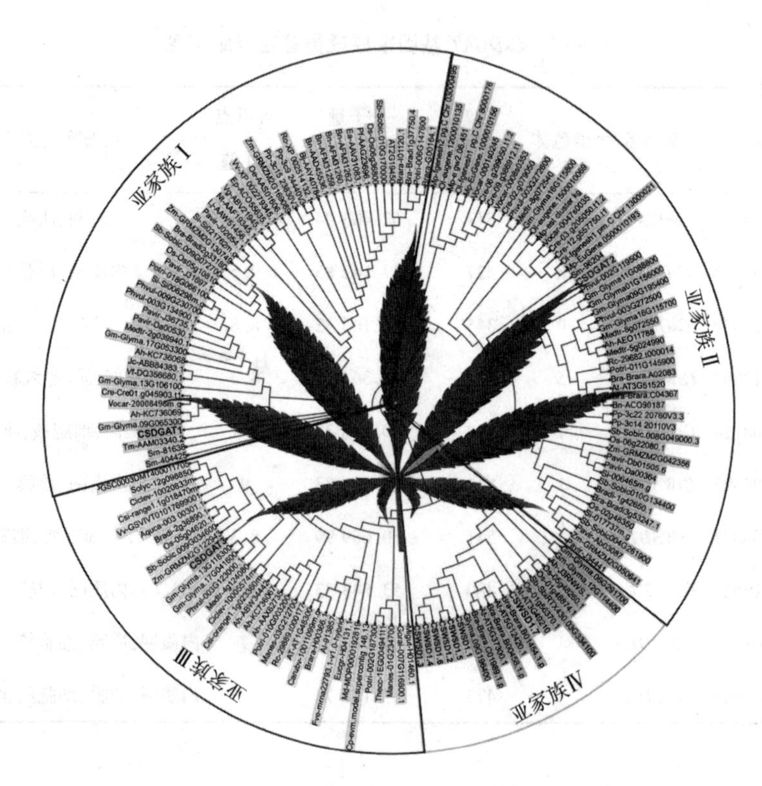

图4-1　*CsDGAT*基因家族的系统发育分析

注:此图仅做示意,如有需要请向作者索取。

4.2.3 *CsDGAT* 基因家族成员的染色体分布及共线性分析

NCBI 数据库用于将鉴定的 *CsDGAT* 基因映射到工业大麻基因组染色体上，结果揭示 10 个 *CsDGAT* 基因在 5 个工业大麻染色体上呈不均匀分布，每个染色体有 1~5 个基因，其中，1 号染色体有 5 个 *CsDGAT* 基因分布，如图 4-2(a)所示，而 2 号、5 号和 6 号染色体仅定位到 1 个 *CsDGAT*，X 染色体定位到 2 个 *CsDGAT*。值得注意的是，每条染色体的 *CsDGAT* 基因数量与染色体大小无关，因为最大的染色体(Chr X)仅有 2 个 *CsDGAT*。*CsDGAT* 基因在 2 号、5 号和 9 号染色体上大致平均分布。以上发现表明 *CsDGAT* 家族基因在 5 个工业大麻染色体上分布不均。

为了进一步研究 *CsDGAT* 基因家族的进化机制和同源基因，通过对 11 个代表性物种与工业大麻 *CsDGAT* 同源基因的比较，构建了 *CsDGAT* 基因家族的共线性关系图，如图 4-2(b)所示，其中包括 9 个双子叶植物(大豆、甘蓝型油菜、花生、蓖麻、芝麻、向日葵、棉花、胡桃树)和 3 个单子叶植物(玉米、水稻和高粱)。在 10 个 *CsDGAT* 基因中，在工业大麻的染色体上没有观察到分段复制和串联复制的重复对。共有 19 个 *DGAT* 基因分别与 *CsDGAT* 基因表现出共线性关系，而在所分析的 3 个单子叶植物中和工业大麻之间没有发现这种关系，表明 *CsDGAT* 基因与双子叶植物的亲缘关系比与单子叶植物的亲缘关系更近，*CsDGAT* 基因家族可能在植物进化中发挥关键作用。

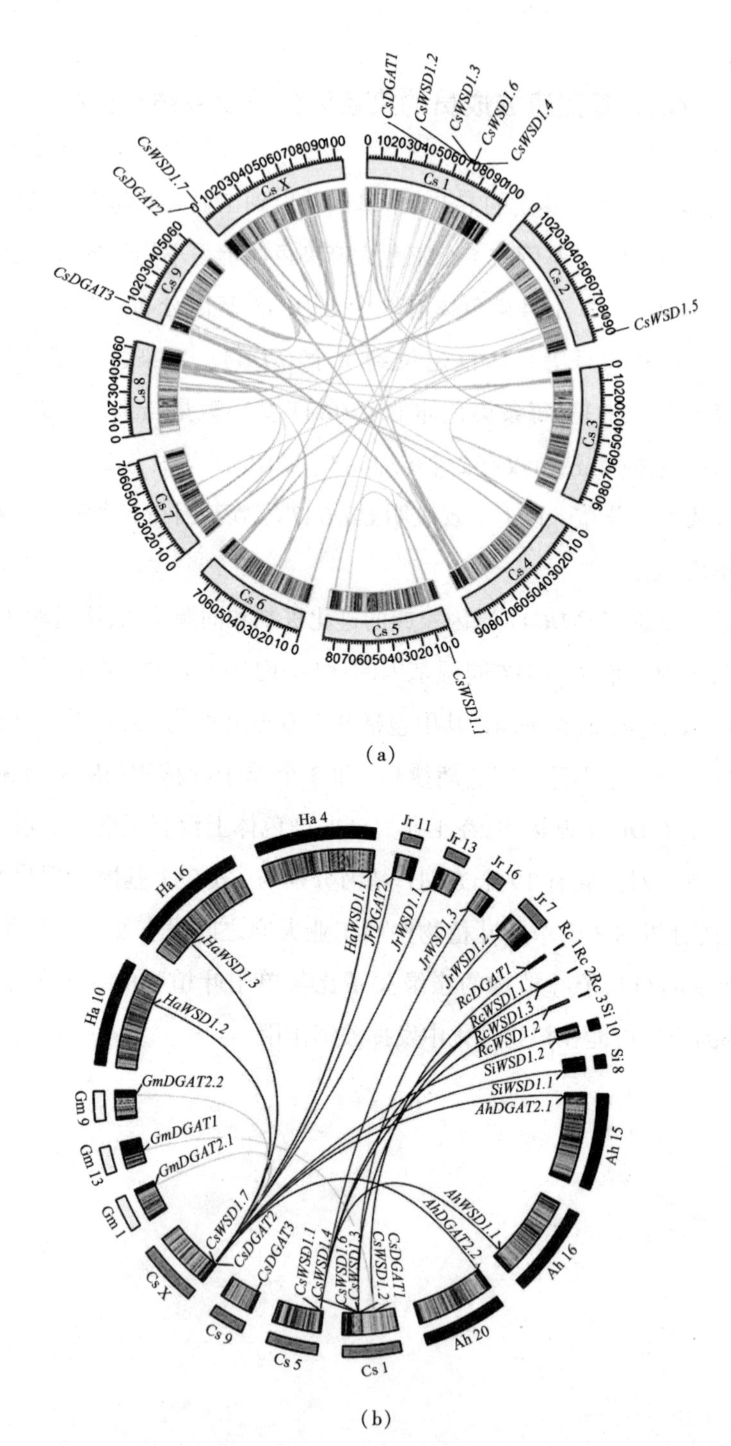

图 4-2 工业大麻基因组中 *CsDGAT* 的染色体定位和共线性分析

4.2.4　CsDGAT 蛋白质结构和保守域的分析

利用 *CsDGAT* 的基因组和蛋白质编码序列，采用 GSDS 在线工具进行外显子-内含子结构分析。10 个 *CsDGAT* 基因的系统发育关系和结构分析表明，每个亚家族成员具有不同的外显子-内含子结构，每个亚家族内的成员表现出一定程度的复杂性，如图 4-3(a)所示。内含子的数量各不相同，从 2 个到 16 个不等，长度各异。*CsDGAT1*(LOC115704840)亚家族的外显子最多，有 16 个外显子。*CsDGAT2*(LOC115703123)亚家族成员有 9 个外显子，而 *CsDGAT3*(LOC115722532)亚家族只有两个外显子。工业大麻 7 个 *CsWSD* 基因具有相似的基因结构，大多数 *CsWSD* 基因有 7 个外显子(*CsWSD1.2*、*CsWSD1.3*、*CsWSD1.4*、*CsWSD1.5* 和 *CsWSD1.6*)，而 *CsWSD1.7*(LOC115702949)有 6 个外显子。

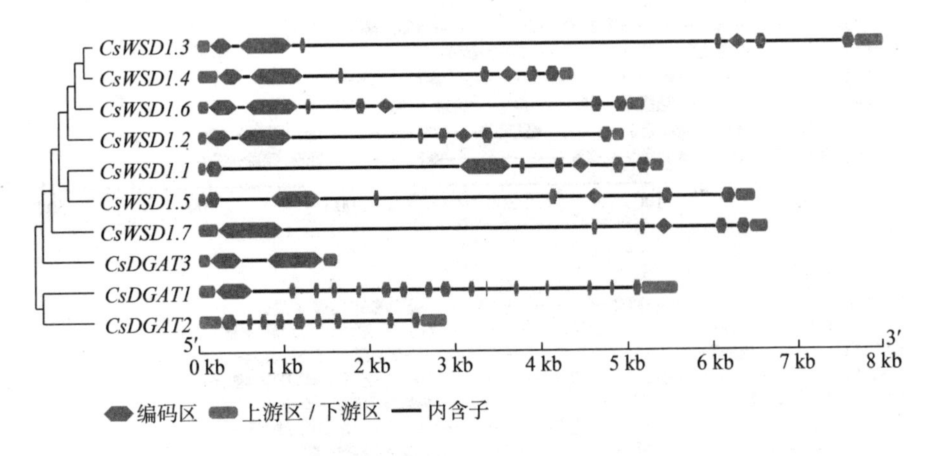

图 4-3　*CsDGAT* 基因家族的结构

具有高度保守氨基酸序列的蛋白质，特别是在功能区，通常表现出相似的生物学功能。本书研究采用 MEME 在线工具分析 CsDGAT 蛋白的氨基酸序列的保守结构域。每个蛋白质序列的最大基序数设置为 6。对 6 种植物同源序列进行比对，包括 6 个 DGAT1 序列、6 个 DGAT2 序列、6 个 DGAT3 序列和 12 个 WS/DGAT 序列。然后在 DGAT 蛋白中分析保守基序，揭示几个物种的保守基序,如图 4-4 所示。每个亚家族蛋白均包含本家族的特征功能域,如图 4-5 所示。

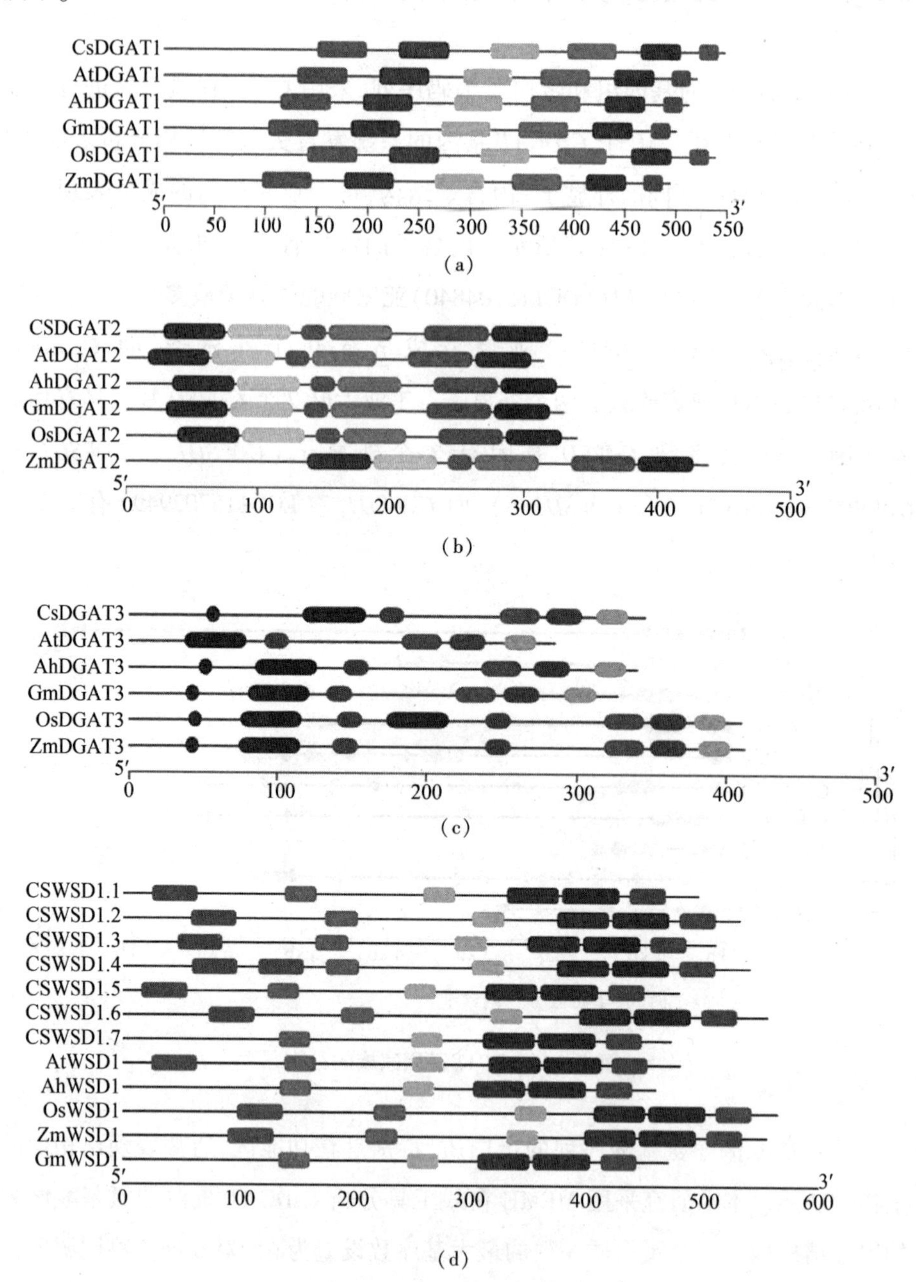

图 4-4　6 种植物 CsDGAT 序列的同源性分析

注:此图仅做示意,如有需要请向作者索取。

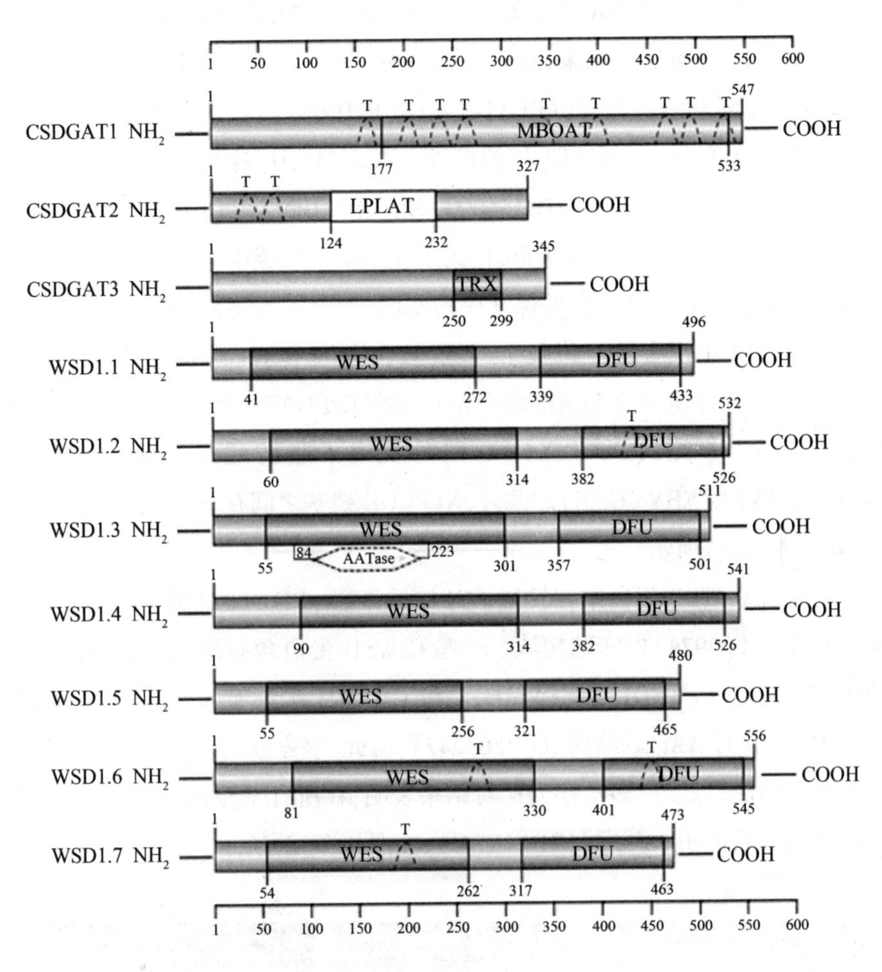

图 4-5　6 种植物 CsDGAT 序列的保守功能域分析

使用 NCBI 数据库和 DNAMAN 软件进一步分析 CsDGAT 蛋白的结构。如图 4-6(a)所示，CsDGAT1 蛋白在氨基酸 177 和 533 之间的 C 末端含有一个 MBOAT(PF03062)结构域，在 CsDGAT1 中存在 9 个跨膜区，证实了其膜结合的 O-酰基转移酶蛋白的特征。此外，多重序列比对结果显示存在 Acyl CoA 结合域(R^{135}-G^{153})、催化活性位点(R^{168}LIIEN^{173})、磷酸天冬氨酸结合位点(G^{177}-M^{199})、SnRK1 靶位点(F^{217}-X-X-X-X-I^{223}-X-X-X--VV^{228})、硫解酶酰基酶中间标记(C^{242}-P-X-V-X-L-R-X-DSA-X-LSGXX-L-XX-A^{264})、脂肪酸蛋白标记($A^{408}E^{409}$-X-L-XFGDREFY-X-DWWN^{424})、DAG 结合基序(HRW-XX-RH-

X-Y-X-P)和C-末端ER检索基序(-YYHDV-),如图4-6(a)所示。

CsDGAT2多重比对结果显示,在氨基酸124和232之间鉴定出PlsC结构域,属于溶血磷脂酰转移酶(LPLATs)家族(PF03982),在N末端包含两个跨膜区。在本书研究中,CsDGAT2与拟南芥(AT3G51520)花生(AEO11788)、水稻(Os02g48350)、大豆(Glyma01G156000)和玉米(GRMZM2G050641)的氨基酸序列进行比对。基于序列比对结果,得到了在DGAT家族中保守的PH、PR、GGE、RGFA、VPFG结构域和G区的保守序列基序,如图4-6(b)所示。

CsDGAT3中没有任何跨膜结构域,只含有一个Trx结构域。CsDGAT3在S^{24}-G^{38}的中存在磷酸天冬氨酸结合位点。在CsDGAT3中还发现了硫解酶酰基酶中间标记$S^{166}XXXXXXSXXS^{176}$。同时发现了脂肪酸结合蛋白特征区域(KSGSAALVEEFERVMGAE)。此外,NLFRDE残基之间存在可能的催化活性中心,如图4-6(c)所示。

在所有CsWSD蛋白中都发现了N端的WES(PF03007)保守结构域和C末端的DFU(PF06974)保守结构域。一些CsWSD蛋白含有跨膜区和额外的保守结构域。例如,CsWSD1.2、CsWSD1.6和CsWSD1.7含有1个或2个跨膜区,CsWSD1.3含有AAtase结构域(PF07247),因此,该家族的一些成员可能已经进化出多种功能。此外,多重序列比对结果表明,在所有WS/DGAT1的N-末端区域都发现了活性中心基序(HHXXXDG),如图4-6(d)所示。

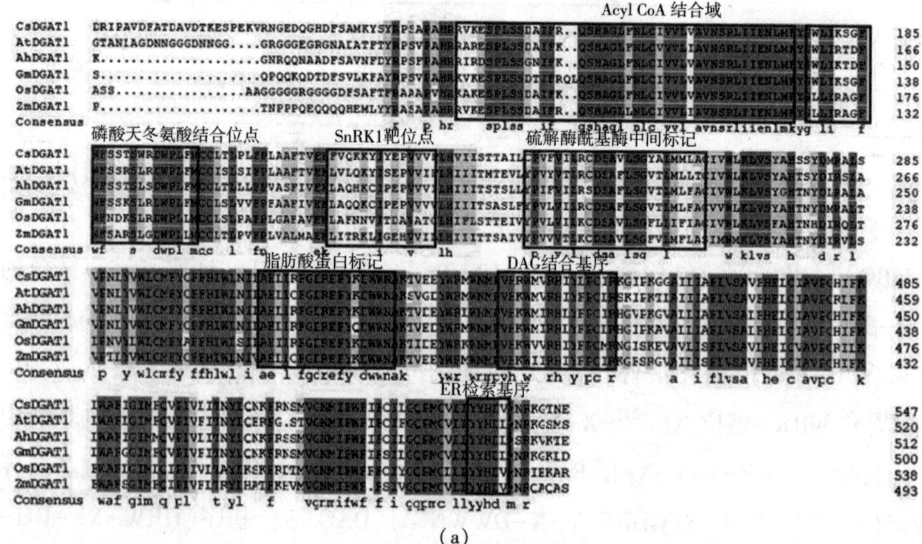

(a)

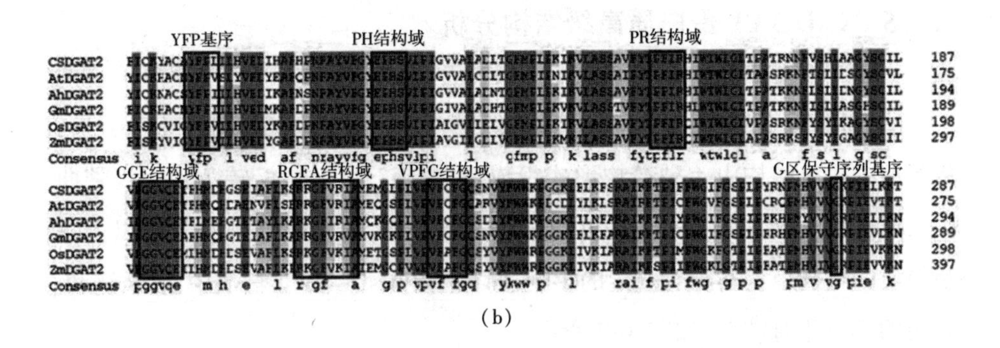

(b)

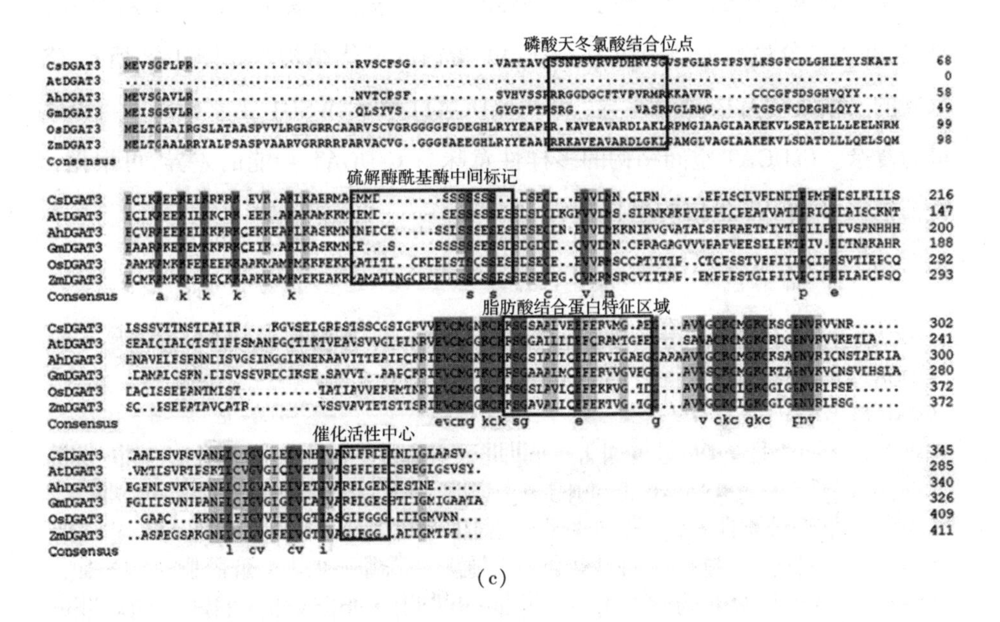

(c)

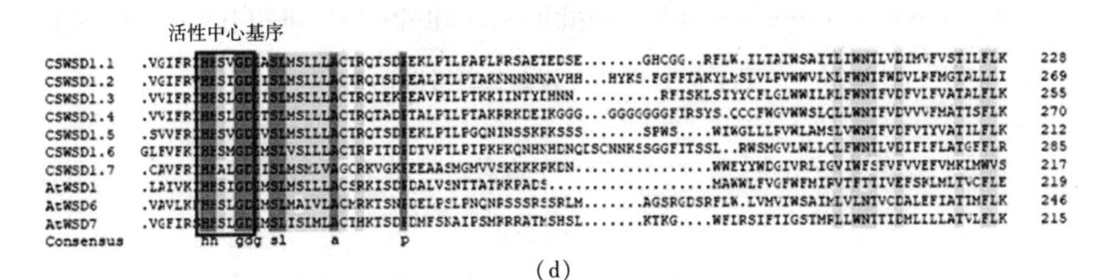

(d)

图 4-6　6 种植物 CsDGAT 序列的多重序列比对

注:此图仅做示意,如有需要请向作者索取。

4.2.5 CsDGAT 蛋白质高级结构分析

用 SOPMA 分析 CsDGAT 蛋白的二级结构。结果表明,这 10 个 CsDGAT 家族蛋白的二级结构由 4 种结构形式组成:α 螺旋、延伸链、β 转角和无规卷曲。α 螺旋和无规卷曲是蛋白质二级结构的主要形式,占二级结构的 70%以上,对蛋白质的特殊结构构象有一定的影响,而在整个 CsDGAT 蛋白质中,延长链和 β 转角的比例相对较低,如图 4-7 所示。

采用同源建模的方法,基于 SWISSMODEL 数据库构建 CsDGAT 蛋白的三维结构,并将得分最高的结构作为 CsDGAT 蛋白的最优结构。如图 4-8 所示,各家族的三维结构有极显著差异,其中 CsDGAT1 和 CsWSD1 亚家族的三维结构最为复杂。CsDGAT 空间结构的多样性意味着 CsDGAT 功能的差异,可根据该特征挖掘 CsDGAT 蛋白的生物学功能。

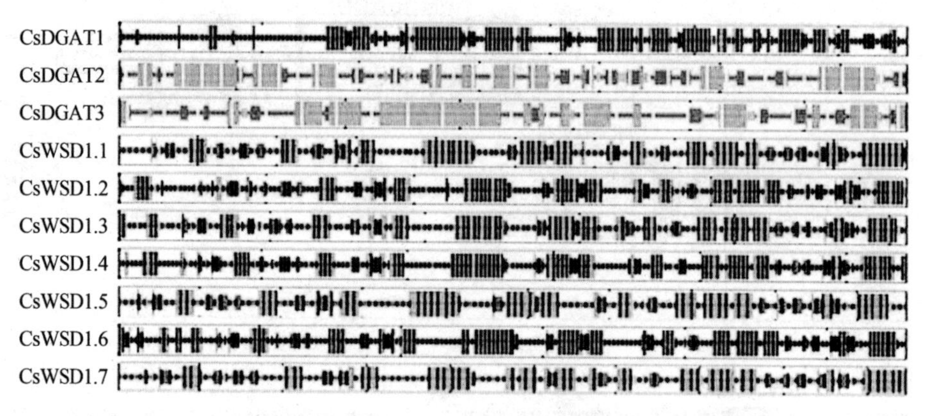

图 4-7 CsDGAT 蛋白二级结构分析

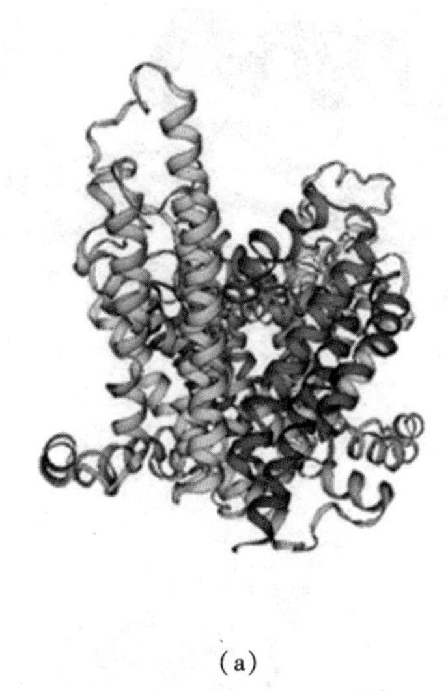

(a)

(b)

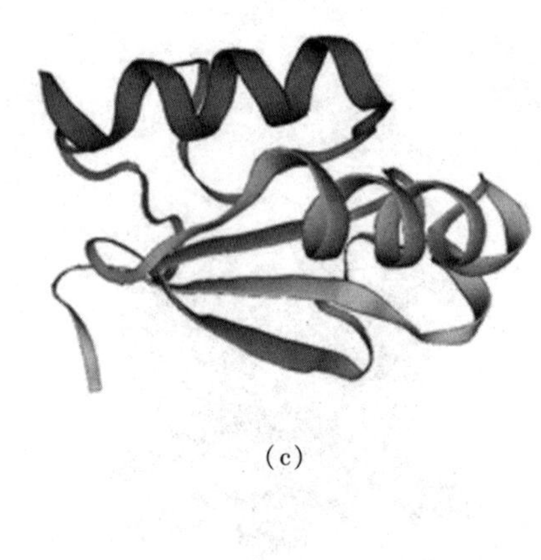

(c)

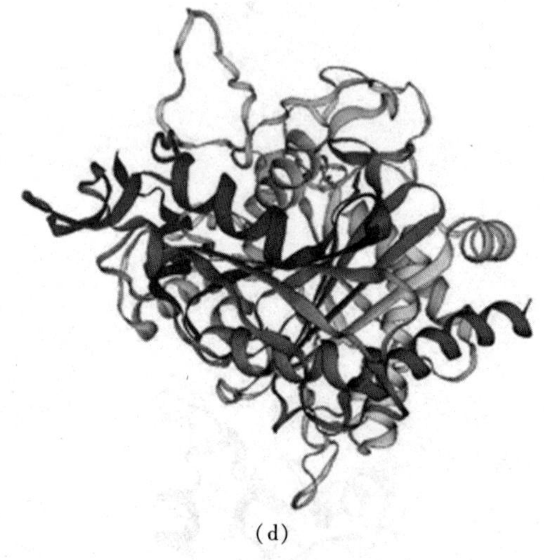

(d)

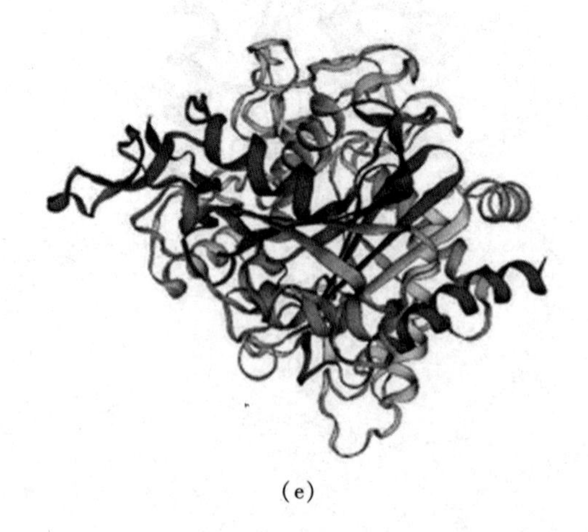

(e)

(f)

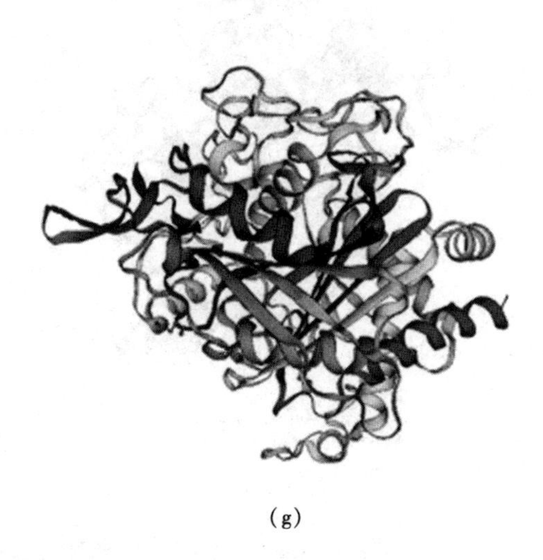

(g)

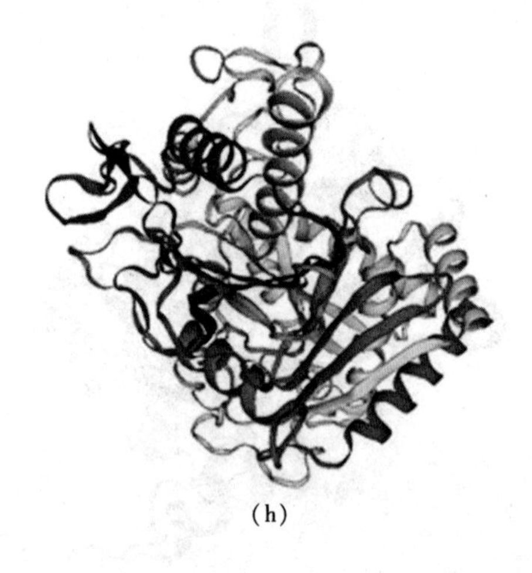

(h)

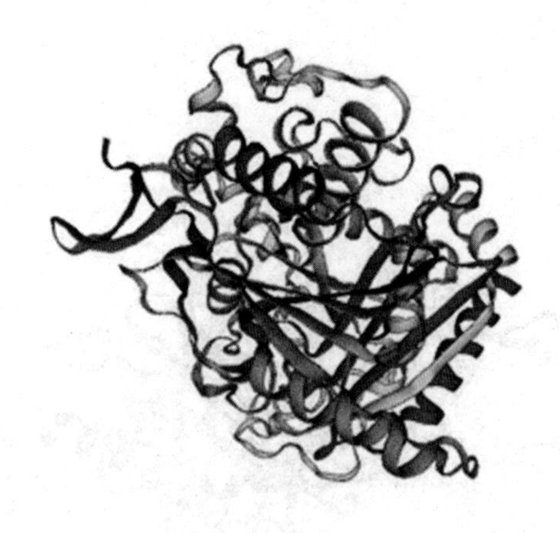

(i)

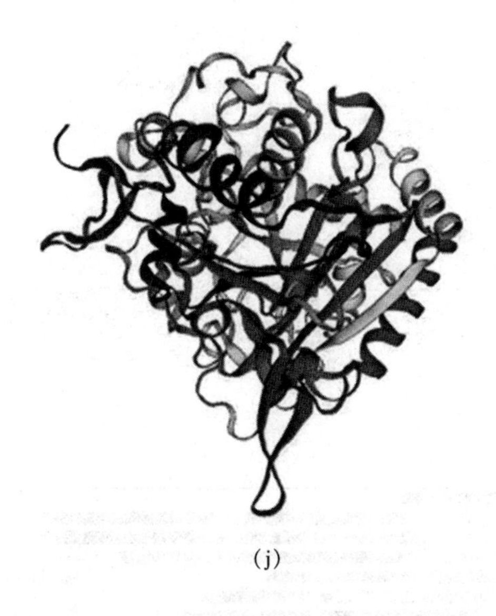

(j)

图 4-8 CsDGAT 蛋白三维结构分析

4.2.6 *CsDGAT* 启动子顺式作用元件分析

顺式作用元件是启动子序列中重要的区域,可被特定的转录因子识别和结合,从而调节基因的表达。通过预测 2 000 bp 的 *CsDGAT* 启动子序列,发现了大量顺式作用元件,如胁迫响应元件、光响应元件、植物激素响应元件和植物发育响应元件。选取与胁迫响应、光响应、植物激素调控过程和植物发育相关的 46 个重点元件进行分类统计,如图 4-9 所示。值得注意的是,*CsDGAT* 启动子序列包含大量参与光和植物激素反应的元件。*CsDGAT3* 启动子序列包括 11 个 G-box 元件和 7 个 ABRE 元件,参与光反应和植物激素反应。除此之外,*CsDGAT* 基因还含有大量的胁迫响应元件,如低温响应元件、防御和胁迫响应顺式作用元件。这些结果表明,*CsDGAT* 基因可能参与多种生命活动的调节过程,如环境适应、非生物胁迫和植物发育。

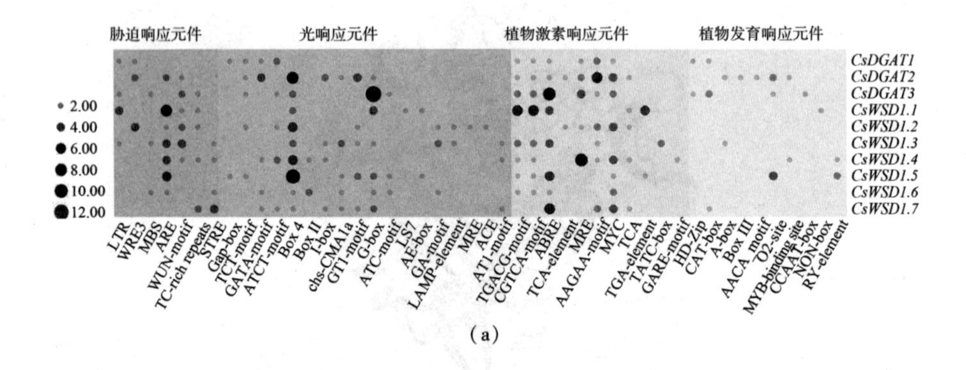

(a)

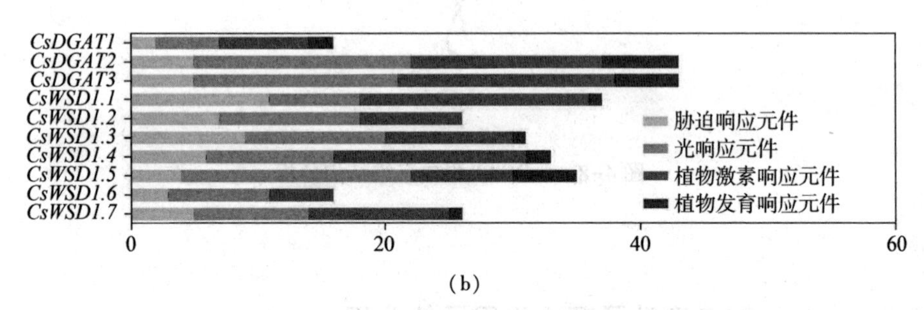

(b)

图 4-9 *CsDGAT* 顺式作用元件基因启动子区分布模式图解

4.2.7 CsDGAT 亚细胞定位分析

为进一步验证 CsDGAT 的亚细胞定位,将 CsDGAT 的全长编码序列融合到 GFP 报告基因中,并在 35S 启动子的驱动下,选择不同亚家族的 6 个成员(CsDGAT1、CsDGAT2、CsDGAT3、CsWSD1.1 和 CsWSD1.4)进行亚细胞定位分析。结果表明,CsDGAT1-GFP、CsDGAT2-GFP 和 CsWSD1.1-GFP 融合蛋白定位于内质网,而 CsDGAT3-GFP 定位于叶绿体,CsWSD1.4-GFP 存在于细胞核和细胞质中,与上述预测基本一致,如图 4-10 所示。

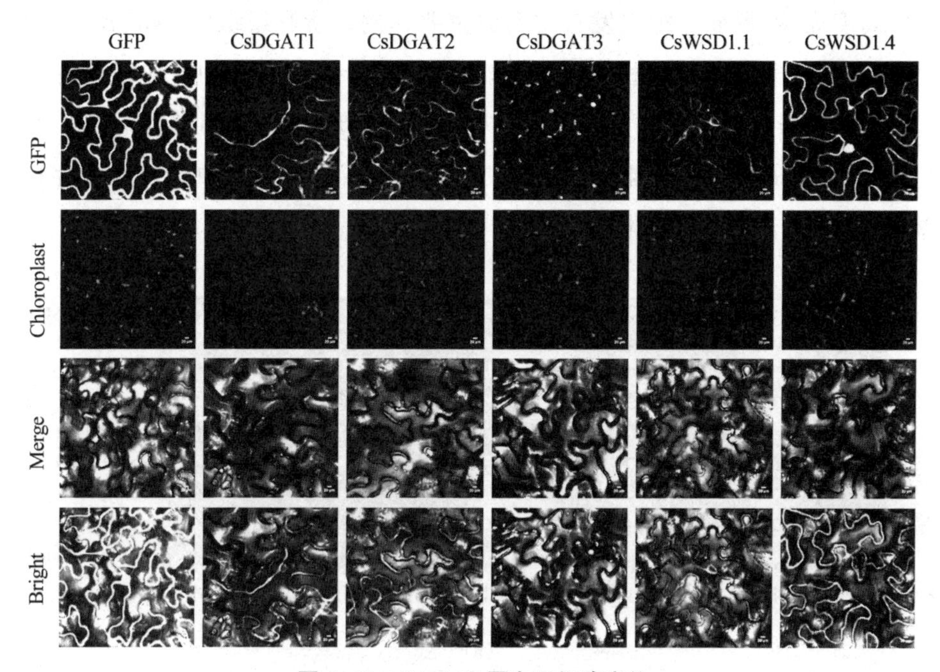

图 4-10 CsDGAT 蛋白亚细胞定位

4.2.8 *CsDGAT* 基因表达模式分析

用9个不同大麻品种雌性花序的测序数据、5种不同组织的转录物组测序数据绘制表达热图，以分析工业大麻 *CsDGAT* 基因的表达模式。*CsDGAT1*、*CsDGAT2*、*CsDGAT3*、*CsWSD1.2* 和 *CsWSD1.7* 在不同品种中广泛表达，并且 *CsDGAT1*、*CsDGAT3* 和 *CsWSD1.2* 的表达相对较多，其他基因几乎不在不同品种的雌花中表达，如图 4-11(a)所示。

CsDGAT 基因在相同品种中呈现组织特异性表达模式，*CsDGAT* 基因在至少一个组织中表达，10个基因的表达水平由热图表示，如图 4-11(b)所示。总体而言，部分 *CsDGAT* 基因仅在某些特定组织中表达。例如，*CsDGAT1*、*CsDGAT2* 和 *CsWSD1.2* 在花和种子组织中大量表达，*CsWSD1.1* 和 *CsWS1.7* 基因的在茎、叶和根组织中特异性表达，*CsWSD1.3* 在茎和叶中以较高水平表

达。而 *CsWSD1. 4* 仅在种子组织中表达。研究发现 *CsDGAT3* 通常在各种组织中高度表达,可能在组织发育中发挥重要作用。所有组织中 *CsWSD1. 5* 和 *CsWSD1. 6* 的表达水平都相对较低,这表明这两个基因是无功能的或具有时间和空间特异性表达模式的基因,可以推测其调节大麻发育的作用较弱。研究表明,大麻 *CsDGAT* 基因家族成员在不同组织器官和品种中的表达均存在差异,推测其功能存在分化。

(a)

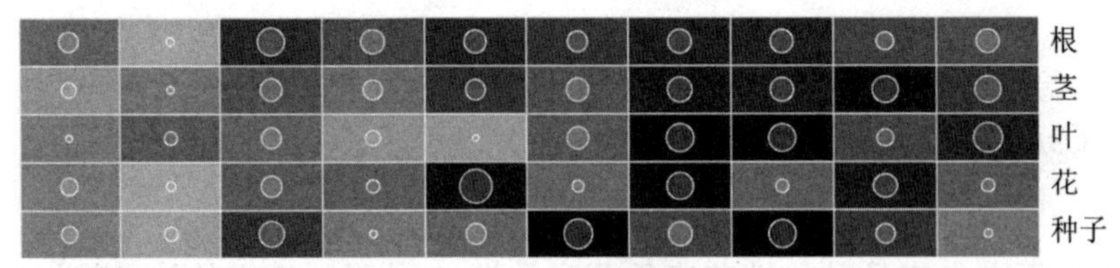

(b)

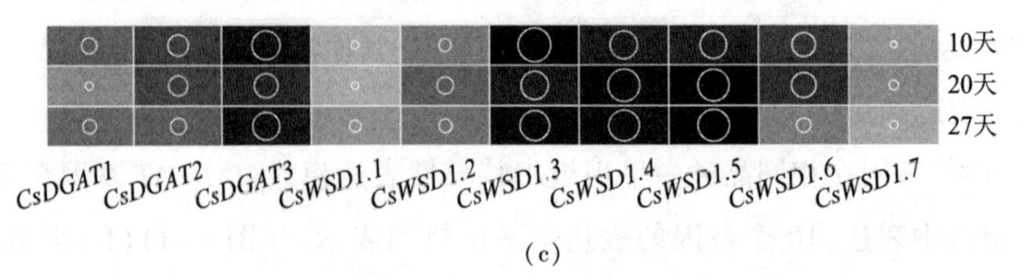

(c)

图 4-11　*CsDGAT* 基因电子表达谱

注:此图仅做示意,如有需要请向作者索取。

此外,对 *CsDGAT* 基因在种子不同发育阶段的表达模式的分析表明,*CsDGAT3* 和 *CsWSD1.4* 基因在整个种子发育阶段的表达水平较高,显著高于其他基因,相反,*CsWSD1.3*、*CsWSD1.5* 和 *CsWSD1.6* 基因的表达水平低于其他基因。*CsDGAT1* 和 *CsDGAT3* 在种子发育前期和后期的表达水平较高,*CsWSD1.2* 和 *CsWSD1.7* 在种子发育中期的表达水平较高。*CsWSD1.4* 在种子发育中后期表达水平较高。值得注意的是,*CsDGAT2* 基因在种子发育的整个阶段都保持了相对稳定的表达水平,表明 *CsDGAT* 家族基因在种子发育的不同阶段发挥作用。以上结果说明,在高等植物中,脂质合成过程受到精细和严格的调控,详细表达量见附表 6~附表 8。

为更加深入地研究工业大麻 *CsDGAT* 基因的组织特异性表达模式,采用 RT-qPCR 方法验证这 10 个基因在工业大麻不同组织部位的表达模式,如图 4-12 所示。结果表明,不同组织部位 *CsDGAT* 基因的表达与转录物组的趋势略有不同,但总体而言,这些基因在雌花和种子中的表达水平高于其他组织,叶片中 *CsDGAT3*、*CsWSD1.3*、*CsWSD1.6* 和 *CsWSD1.7* 的表达水平相对较高,*CsWSD1.4* 具有明显的组织特异性表达模式,仅在种子中表达水平高,而在其他部分中表达水平低。

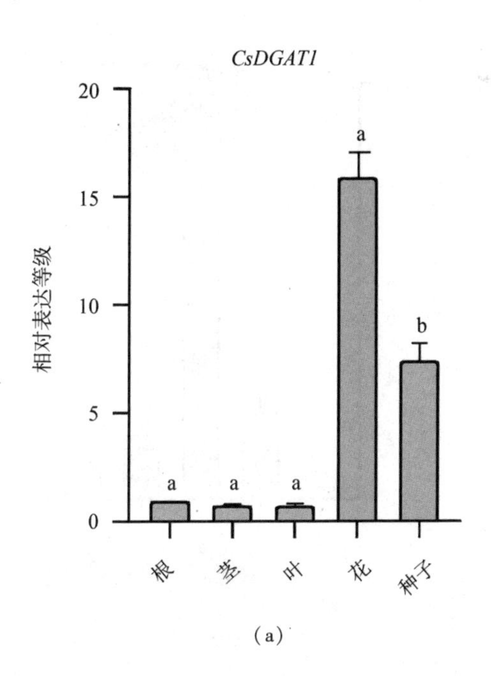

(a)

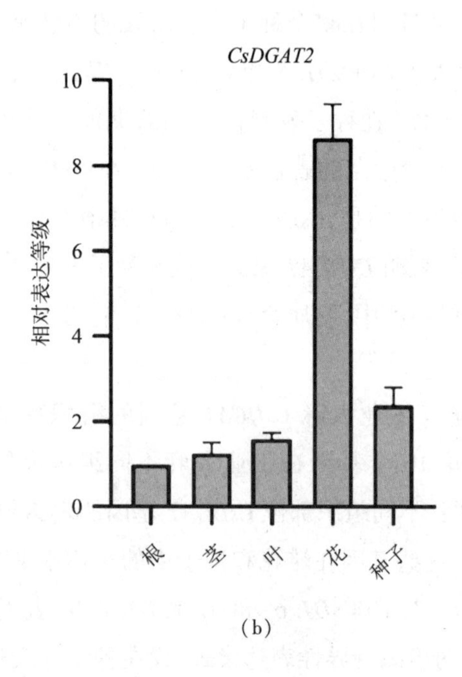
CsDGAT2
相对表达等级
10
8
6
4
2
0
根
茎
叶
花
种子

(b)

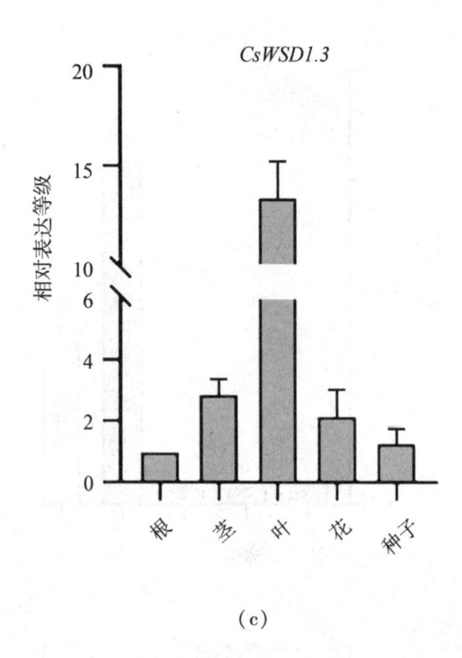
CsWSD1.3
相对表达等级
20
15
10
6
4
2
0
根
茎
叶
花
种子

(c)

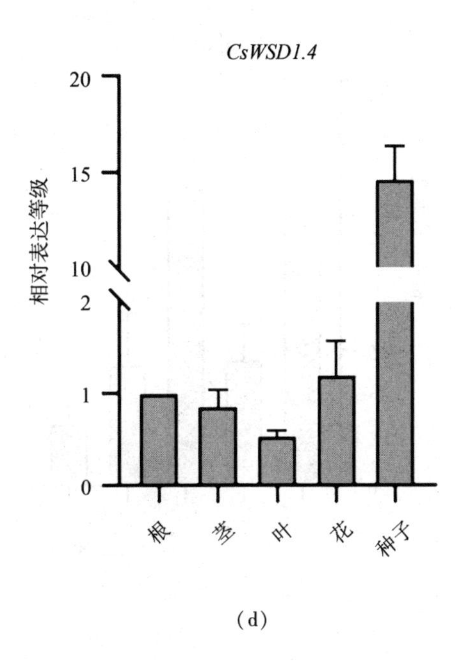
CsWSD1.4
相对表达等级
20
15
10
2
1
0
根
茎
叶
花
种子

(d)

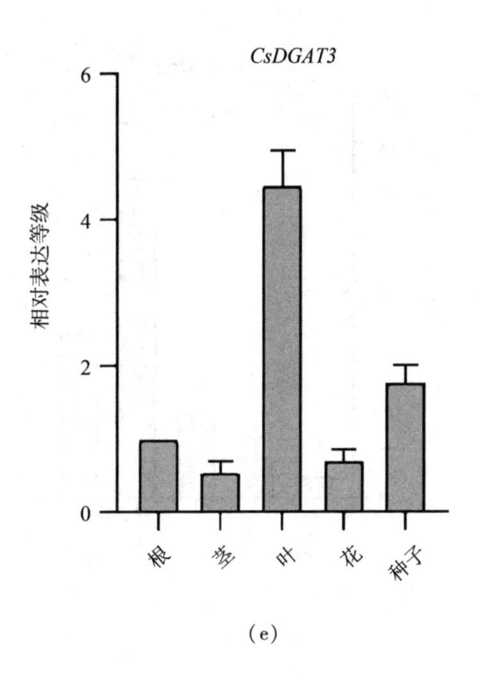
CsDGAT3
相对表达等级
6
4
2
0
根
茎
叶
花
种子

(e)

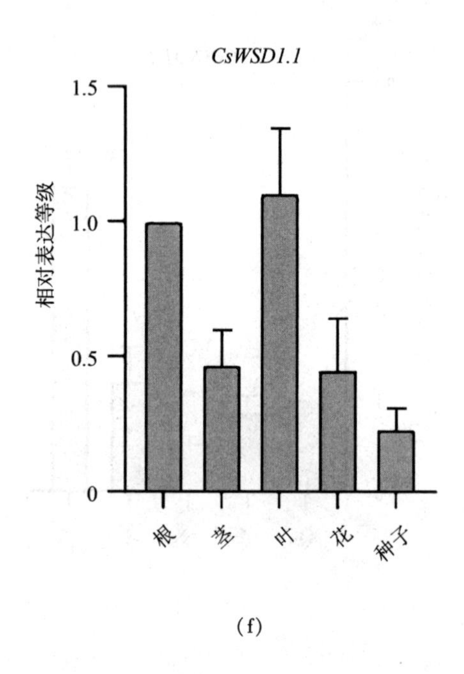
CsWSD1.1
1.5
1.0
0.5
0
相对表达等级
根
茎
叶
花
种子

(f)

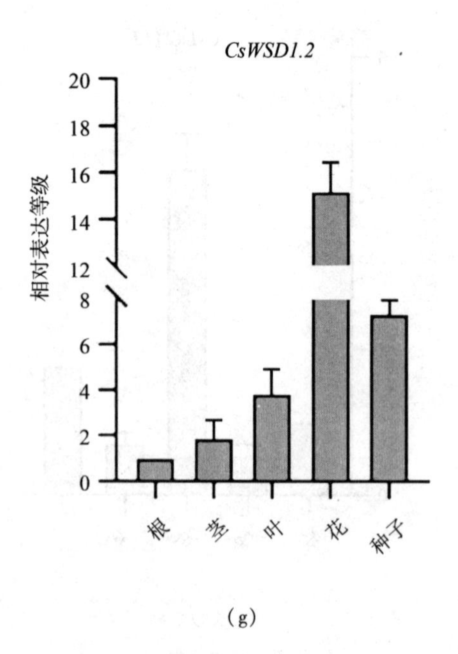
CsWSD1.2
20
18
16
14
12
8
6
4
2
0
相对表达等级
根
茎
叶
花
种子

(g)

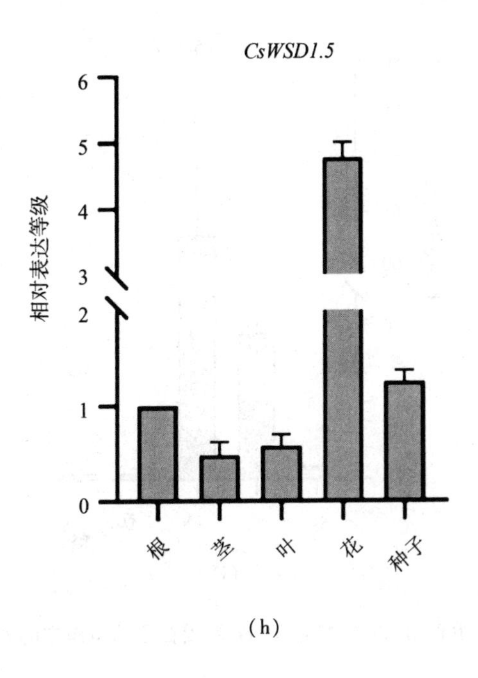
CsWSD1.5
相对表达等级
6
5
4
3
2
1
0
根
茎
叶
花
种子

(h)

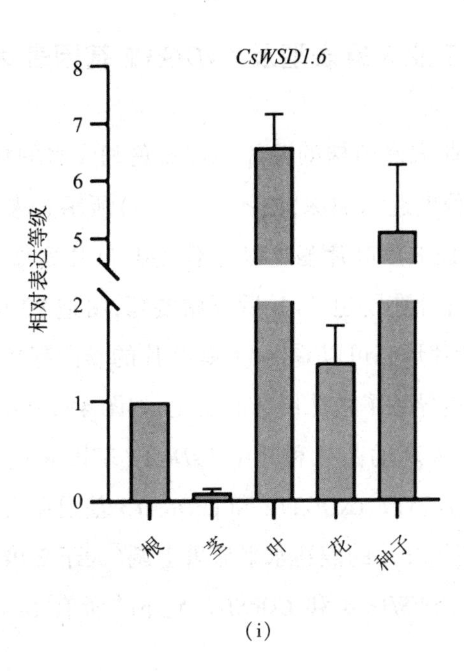
CsWSD1.6
相对表达等级
8
7
6
5
2
1
0
根
茎
叶
花
种子

(i)

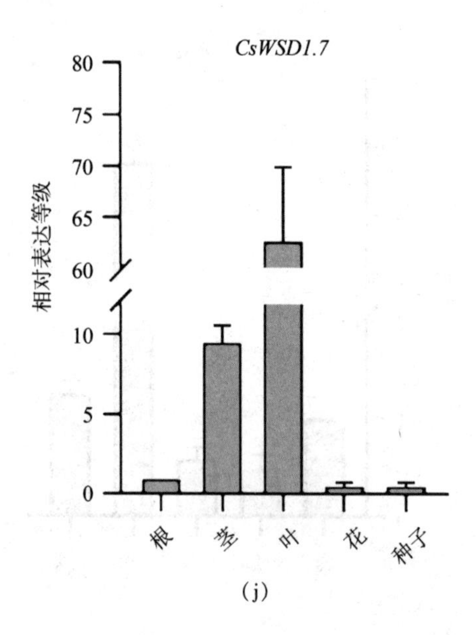

(j)

图 4-12　RT-qPCR 检测 *CsDGAT* 基因在不同组织中的表达模式

4.2.9　冷胁迫下工业大麻表型及 *CsDGAT* 基因表达模式分析

在冷胁迫下,工业大麻植株的叶片出现萎蔫和失水的症状,并且随着胁迫时间的延长,萎蔫的程度逐渐加深,如图 4-13(a)所示。未受冷胁迫的植株形态正常,短期冷胁迫 12 h 后叶片萎蔫程度不明显,叶片萎蔫程度在胁迫 24 h 后开始明显,大麻植株叶片在胁迫 48 h 后开始萎蔫,胁迫 72 h 后出现严重萎蔫。从不同处理时间的叶片形态可以看出,大麻叶片的卷曲程度随着处理时间的延长而增加,说明冷胁迫导致了植株形态的变化,如图 4-13(b)所示。

对冷胁迫下工业大麻幼苗根和叶中 *CsDGAT* 基因表达模式的分析结果表明,冷胁迫条件下,*CsDGAT1*、*CsDGAT2* 和 *CsDGAT3* 基因在处理中后期的叶片中的表达水平比未处理的叶片的表达水平显著上调(大于 2 倍),如图 4-14 所示。相反,除 *CsWSD1. 2*、*CsWSD1. 4* 和 *CsWSD1. 5* 外的所有 *CsWSD* 略呈下调表达趋势。

在根中观察到的趋势与在叶片中存在差异,除 *CsWSD1. 7* 外,所有基因在不同时间点均上调表达。*CsDGAT1*、*CsDGAT2* 和 *CsDGAT3* 在处理的中后期显著上调表达。然而,*CsWSD1. 1*、*CsWSD1. 4*、*CsWSD1. 5* 和 *CsWSD1. 6* 均先下调表达,然后上调表达,这表明工业大麻的生物时钟可能控制了某些 *CsDGAT* 的表达,如图 4-15 所示。

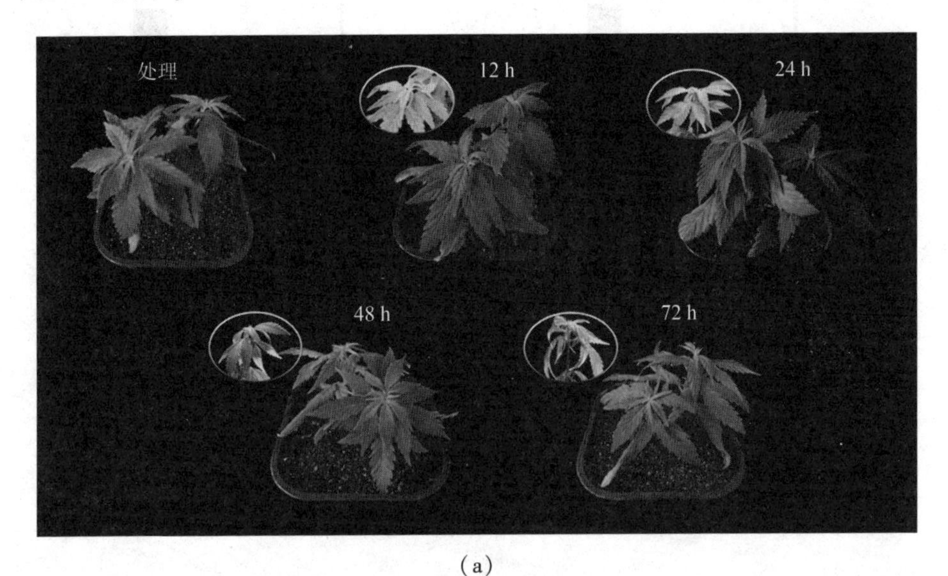

(a)

(b)

图 4-13　冷胁迫下工业大麻表型

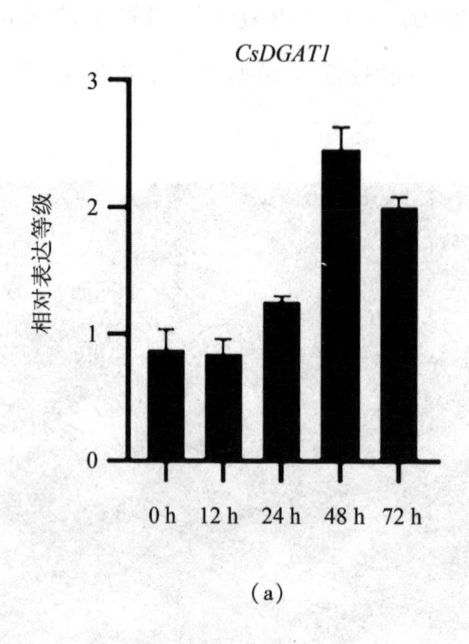

CsDGAT1
相对表达等级
3
2
1
0
0 h
12 h
24 h
48 h
72 h

(a)

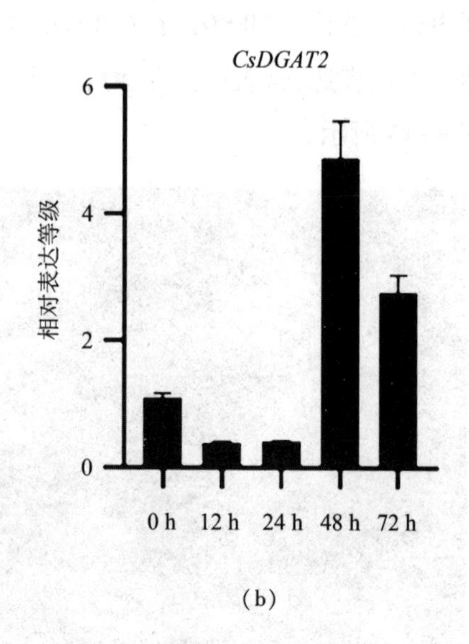

CsDGAT2
相对表达等级
6
4
2
0
0 h
12 h
24 h
48 h
72 h

(b)

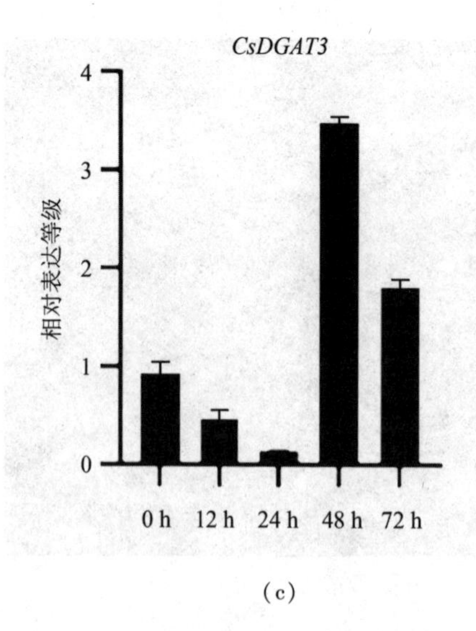

CsDGAT3
相对表达等级
4
3
2
1
0
0 h
12 h
24 h
48 h
72 h

(c)

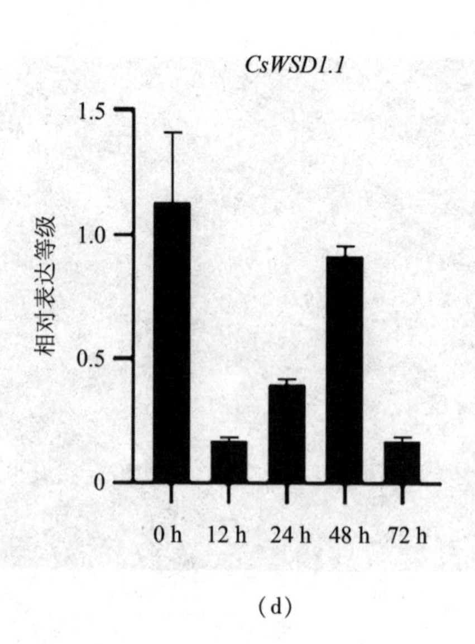

CsWSD1.1
相对表达等级
1.5
1.0
0.5
0
0 h
12 h
24 h
48 h
72 h

(d)

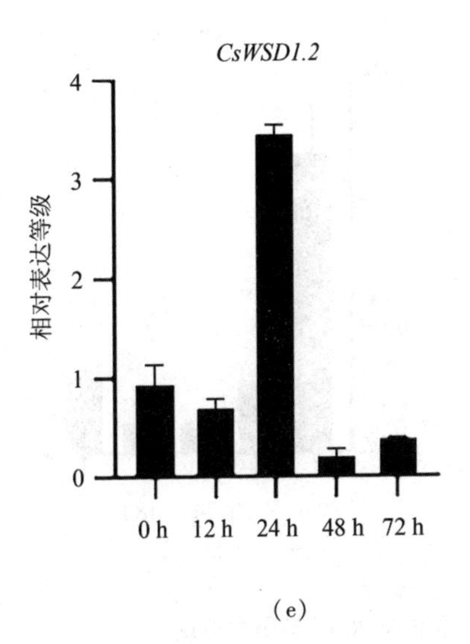
CsWSD1.2
相对表达等级
4
3
2
1
0
0 h
12 h
24 h
48 h
72 h

(e)

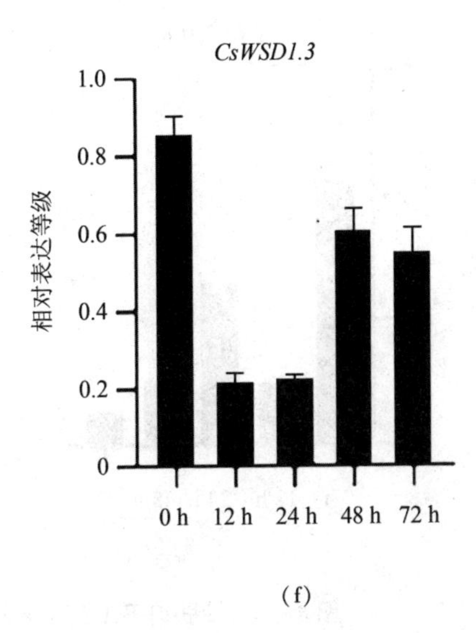
CsWSD1.3
相对表达等级
1.0
0.8
0.6
0.4
0.2
0
0 h
12 h
24 h
48 h
72 h

(f)

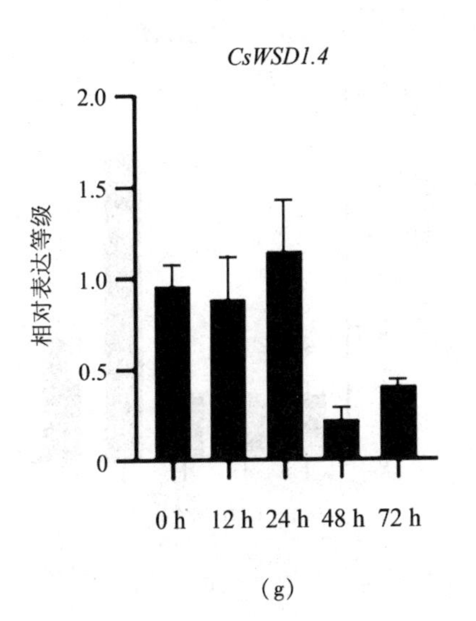
CsWSD1.4
相对表达等级
2.0
1.5
1.0
0.5
0
0 h
12 h
24 h
48 h
72 h

(g)

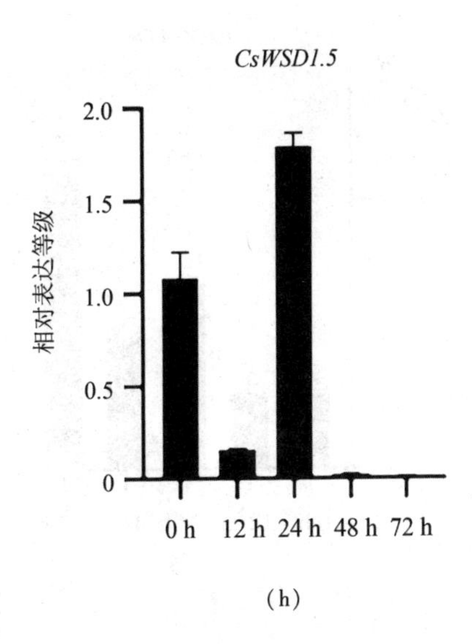
CsWSD1.5
相对表达等级
2.0
1.5
1.0
0.5
0
0 h
12 h
24 h
48 h
72 h

(h)

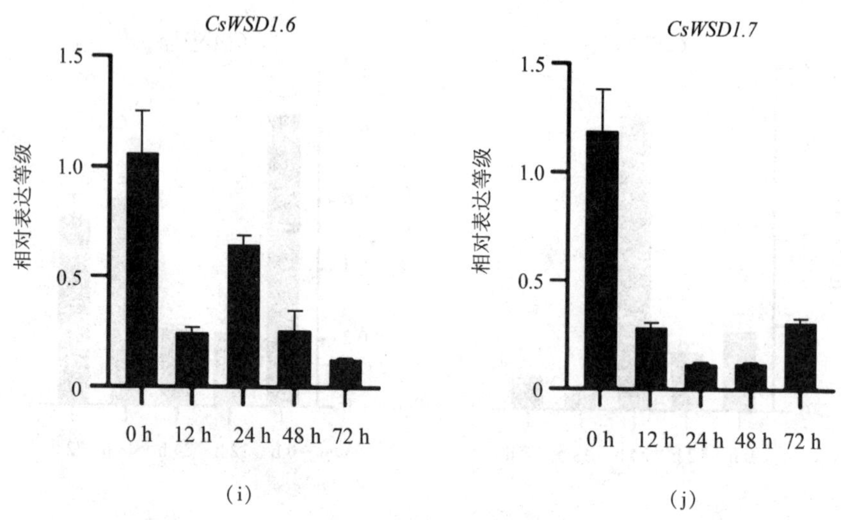

图 4-14　冷胁迫下工业大麻叶片部位 *CsDGAT* 基因表达量

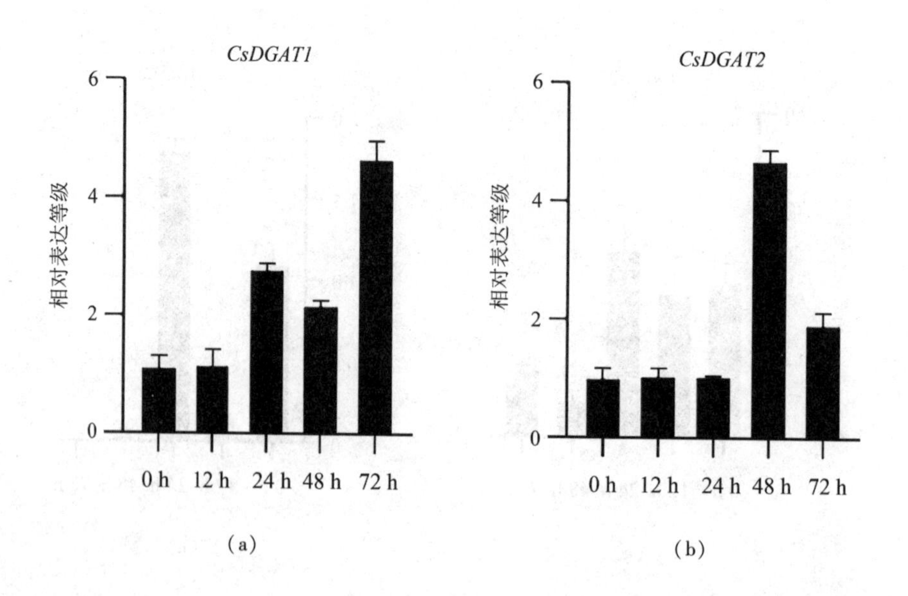

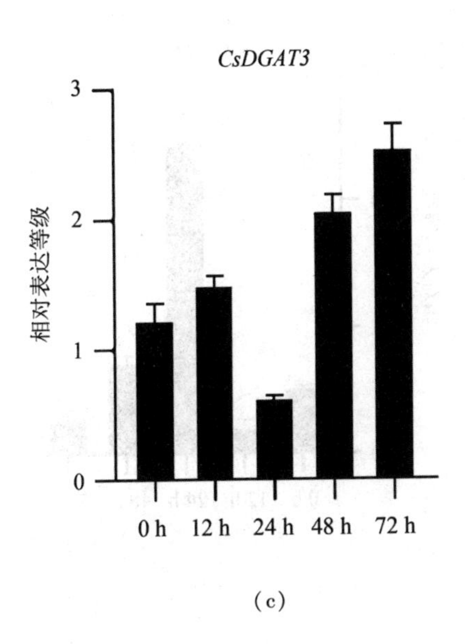
CsDGAT3
相对表达等级
3
2
1
0
0 h
12 h
24 h
48 h
72 h

(c)

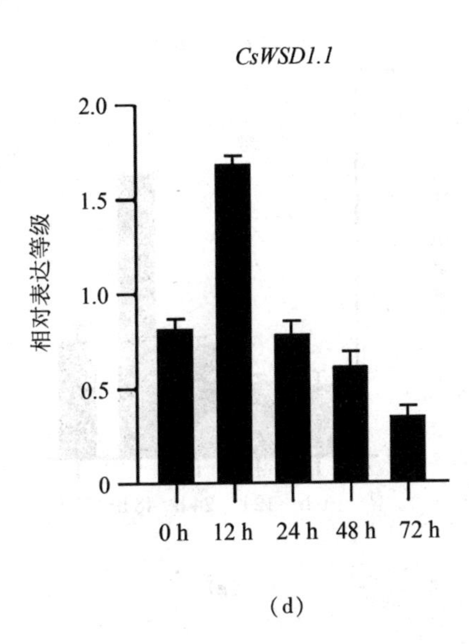
CsWSD1.1
相对表达等级
2.0
1.5
1.0
0.5
0
0 h
12 h
24 h
48 h
72 h

(d)

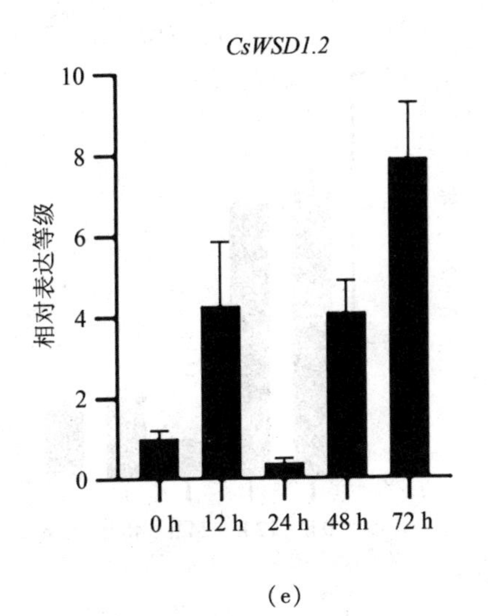
CsWSD1.2
相对表达等级
10
8
6
4
2
0
0 h
12 h
24 h
48 h
72 h

(e)

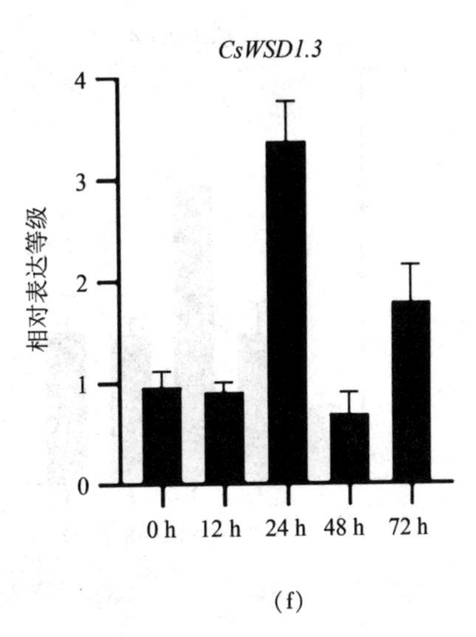
CsWSD1.3
相对表达等级
4
3
2
1
0
0 h
12 h
24 h
48 h
72 h

(f)

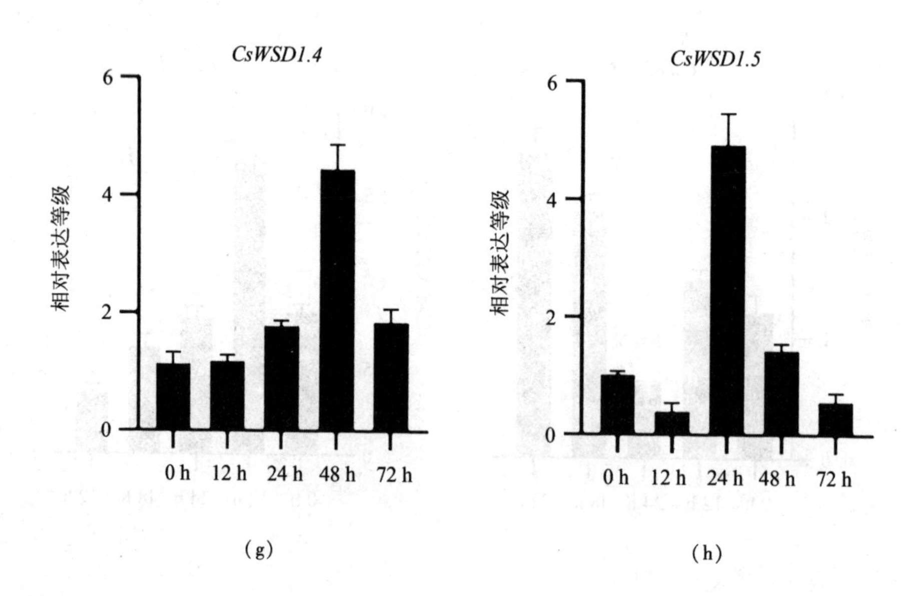

(g) (h)

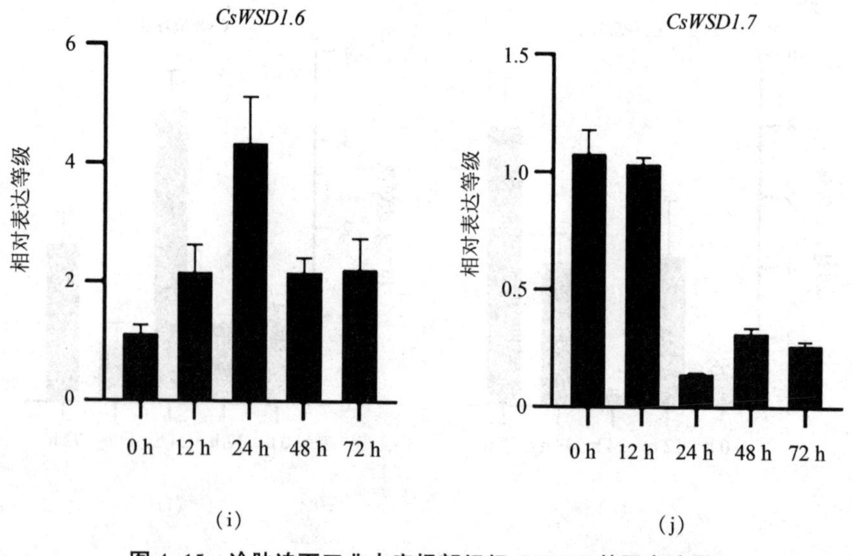

(i) (j)

图 4-15 冷胁迫下工业大麻根部组织 *CsDGAT* 基因表达量

4.3 讨论

植物 *DGAT* 基因家族成员在植物油生产、代谢调节和逆境响应中发挥着核心作用,已有针对一系列植物物种中该基因家族的广泛研究。DGAT 是肯尼迪途径中唯一参与调控从头合成 TAG 生物合成的限速酶。然而,与主要油料作物的 *DGAT* 基因家族不同,工业大麻 *CsDGAT* 基因家族的特征仍有待详细阐述。越来越多的研究表明,*DGAT* 基因是更好阐述调控和调节脂质代谢机制的重要靶点。工业大麻基因组的公布使系统、全面地表征其编码的关键功能基因成为可能,为指导分子育种工作奠定了坚实基础。因此,挖掘 *CsDGAT* 基因资源,以了解和调控这一重要经济作物的 TAG 的生物合成,并为阐明工业大麻冷响应过程中脂代谢调节途径关键基因 *CsDGAT* 的分子机理提供理论基础。

4.3.1 *CsDGAT* 基因家族鉴定

本书在工业大麻全基因组中鉴定出 10 个 *CsDGAT* 基因,包括 1 个 *DGAT1*、1 个 *DGAT2*、1 个 *DGAT3* 和 7 个 *WSD1* 基因。外显子-内含子结构多样化分析对于详细了解特定基因家族跨物种的进化至关重要。在本书研究中,在 4 个 *CsDGAT* 基因亚家族中观察到了不同的外显子-内含子组成,展示了独特的进化历程,并强调了植物 *DGAT* 的多样性。内含子和非编序列的长度和分布的显著差异是基因结构多样化的主要原因。总的来说,这 4 个亚家族的 *CsDGAT* 基因之间的氨基酸序列的相似性较低,表明它们在调节工业大麻代谢方面发挥着不同的、非冗余的作用。

对 *CsDGAT* 基因家族成员的保守结构域进行了分析,发现不同家族成员分别包含保守的 MBOAT(PF03062)、LPLAT(PF03982)、WES(PF03007)和 DFU(PF06974)结构域。对 DGAT 同源序列的保守序列和催化活性位点进行分析,发现这些蛋白质与其他 CsDGAT 亚家族成员的同源性很低。基因共线性分析表明,4 个 CsDGAT 亚家族之间没有共线性,并且这 4 个亚家族之间在内含子-

外显子基因结构上存在显著差异。在所有 CsDGAT 亚家族成员中都检测到了保守的结构域和基序,这与之前研究花生和油棕榈树的报告一致。虽然同一物种编码的不同 *DGAT* 基因在序列的同源性上存在一些差异,但保守的结构域和功能基序可能与活性部位有关,这些活性部位对底物结合、催化活性和其他关键调节作用非常重要。

近年来,影响基因表达的顺式作用元件的作用受到越来越多的关注,其中许多元件对环境胁迫和植物发育的各个阶段都有响应。本书通过对 *CsDGAT* 的启动子的分析揭示了与胁迫响应、光响应、植物激素响应和植物发育相关的顺式作用元件,并强调了这些激素响应元件与一系列其他代谢途径之间的潜在相互作用。在整个进化过程中,植物发展了一系列独特的方法来适应或响应外部环境因素。*DGAT* 家族成员对包括盐碱、低温和干旱胁迫条件在内的生物和非生物应激源的反应均具有调节作用。

4.3.2 DGAT 家族蛋白之间的系统发育关系

不同物种编码的 DGAT 的系统发育和共线分析为它们的进化和功能提供了详细的见解。在系统发育上与 *DGAT1* 和 *DGAT2* 亚家族不同,*DGAT1* 和 *DGAT3* 基因家族的成员起源于不同的祖先,并以不对称的方式进化。*DGAT3* 和 *WS/DGAT* 基因家族也形成了一个单系亚家族,这些基因主要存在于植物中,在动物物种中基本上不存在。相比之下,*DGAT1* 和 *DGAT2* 在植物、动物和其他主要真核生物中广泛表达。*DGAT1*、*DGAT2*、*DGAT3* 和 *WS/DGAT* 亚家族基因多样化模式也不同。在大麻中,*WS/DGAT* 基因是最多样化的,在本书中已鉴定出 7 个 *CsWSD*,相比之下,*CsDGAT1*、*CsDGAT2* 和 *CsDGAT3* 保持单一拷贝,而在许多植物的 DGAT1 和 DGAT2 亚家族中已发现多个基因。在系统发育分析中,CsDGAT 与双子叶的 DGAT 关系最密切,这表明它们可能在植物进化过程的早期进行分化,起源于植物多样化之前,由于 TAG 在所有物种中的重要性,DGAT 活性基本保持不变。

4.3.3 *CsDGAT* 在大麻组织和品种中的表达模式

基因表达模式与基因在植物中的功能作用密切相关。DGAT 在 TAG 生物合成过程中起着关键作用,鉴于 TAG 在植物不同生长发育阶段的重要性,研究其生物合成途径的相关基因具有重要的价值。不同 *DGAT* 基因在不同的植物物种中表现出不同的表达模式,这与它们特定的功能一致。研究特定基因的组织表达模式可为后续研究提供基础。本书通过电子表达谱和实时定量的方法比较了 *CsDGAT* 基因的表达模式,揭示了其组织特异性的表达模式。*CsDGAT1*、*CsDGAT2*、*CsDGAT3*、*CsWSD1. 2* 和 *CsWSD1. 7* 在不同大麻品种的雌性花序中都有较高水平的表达,它们可能在花的发育中起关键作用。据相关研究,*AtDAGT1* 和 *AhDAGT1* 在花和种子组织中表达水平最高,在本书研究中也观察到了类似的组织特异性表达模式。所有的 *CsDGAT* 至少在一个组织中表达,例如,*CsDGAT1*、*CsDGAT2* 和 *CsWSD1. 2* 在种子和花中高水平表达,这与它们在种子或花发育中的潜在功能一致,而 *CsDGAT3* 在许多组织中高度表达,这表明它在一般组织发育中更重要,*CsWSD1. 5* 和 *CsWSD1. 6* 在所分析的组织中的表达水平相对较低,这表明它们可能在所分析的大麻品种的生长发育中不起主要作用。

不同物种间的 *DGAT* 基因表达模式也不同。例如,*DGAT3* 在拟南芥中的高水平表达在不同的发育阶段都很明显,在种子发育的早期明显上调(大于 2 倍)。相反,花生 *DGAT3* 在种子中的表达水平最低,在叶片和花中的表达水平最高。*CsDGAT* 基因的表达在不同的大麻品种中也不同,表明这些基因的表达模式和关键功能可能存在差异。进一步研究同一类 *DGAT* 基因成员在不同植物中的空间表达模式是必要的。一般来说,在富含正常脂肪酸的油籽中,如拟南芥、大豆和油菜籽,*DGAT1* 在发育中的种子中显示出比 *DGAT2* 高的表达水平,因此,DGAT1 是这些油料作物合成 TAG 的主要酶。然而,在一些能够积累特殊脂肪酸的植物中,*DGAT2* 在种子发育过程中表达水平较高,例如:油桐、油莎豆和蓖麻,这些植物对含有特殊脂肪酸的底物有更高的亲和性。在本书研究中,

CsDGAT2 基因的表达水平高于 *CsDGAT1* 基因,值得注意的是 *CsDGAT3* 基因在不同物种的雌花、种子的不同组织部位和不同发育时期的表达水平都较高,这可能与工业大麻种子中某些特定脂肪酸的形成有关。然而,还需要更多的生化和分子生物学分析来确定不同 *CsDGAT* 家族成员基因对 TAG 合成的相对贡献和潜在的调控机制。

4.3.4 *CsDGAT* 基因对冷胁迫的响应

冷胁迫是损害作物的产量和品质的主要环境因素之一。植物通过一系列的生理生化过程来适应寒冷和其他非生物逆境。植物在遭受冷胁迫后,植物细胞膜细胞结构的变化是其响应冷胁迫的重要机制之一。据报道,膜脂组成和不饱和度与植物的耐冷性密切相关。TAG 是植物油的主要成分,也是植物细胞膜脂质合成的重要供体来源。DGAT 作为 TAG 合成的关键酶,诸多研究发现 *CsDGAT* 家族成员在植物冷响应中的作用。拟南芥 *DGAT1* 基因受冷胁迫诱导上调表达,*DGAT2* 基因在大豆和花生中受冷、热以及一些生物胁迫诱导上调表达。此外,在冷胁迫下,MGDG 转化为 DAG 和寡聚半乳脂,以有利于膜稳定性的方式进一步催化 TAG 的产生。在本书研究中,已鉴定的 10 个 *CsDGAT* 基因均对冷胁迫有显著的响应,并在不同的时间点呈上调表达趋势,但对比叶片和根部组织的响应模式,显示出不同的空间调控模式,这表明 *CsDGAT* 基因可能是工业大麻冷响应的积极调节因子。在冷胁迫下,玉米叶片 5 个 *ZmDGAT* 基因受诱导上调表达,这种上调在冷处理后发生得更晚,并且比在玉米根中观察到的类似的 *ZmDGAT* 基因诱导更强烈。相反,本书研究表明,根部 *CsWSD* 基因的反应比叶片中的强。因此,这些基因很可能在大麻幼苗的不同部位对冷胁迫做出反应时发挥不同的作用。本书研究初步探讨了 *CsDGAT* 基因家族成员对大麻耐冷性的作用及其调控方式,为进一步研究 *CsDGAT* 基因家族的功能和利用分子育种手段选育耐冷大麻新品种提供了参考。

为更全面地分析 *CsDGAT* 基因的功能,构建了目的基因启动子与 GUS 标签融合的表达载体,并拟通过组织染色的方法分析目的基因的表达模式。为了进

一步验证 *CsDGAT* 基因的耐冷功能，今后将继续构建酵母表达载体，并验证目的基因在酵母脂肪合成突变体 H1246 中的酶学和冷响应功能。此外，目的基因将在拟南芥突变体 AS11 和野生型中过表达，并将综合运用生物化学、生物信息学、分子生物学和多组学关联分析的方法在植物模型中验证目的基因的脂质合成和冷响应功能。*CsDGAT* 基因参与工业大麻冷响应的分子机理和信号通路将得到更全面地阐述。

在本书中，对 *CsDGAT* 基因家族进行了全面的分析，鉴定分离了 10 个 *CsDGAT* 基因家族成员，分为 4 个亚家族。对 *CsDGAT* 家族成员进行了全面系统的生物信息学分析，包括同源关系、染色体位置、共线性、保守功能域、基因结构、进化关系以及与这些成员相关的顺式作用元件，以期更好地了解其潜在的基因功能。为了进一步了解它们如何调控工业大麻的生长发育，分析了 CsDGAT 的亚细胞定位和表达模式。研究表明，这些基因在不同品种、不同组织部位、不同种子发育阶段有不同的表达模式，表明它们的功能存在时空差异。此外，对 *CsDGAT* 基因的冷响应模式进行了分析，研究表明该基因在叶和根组织中的表达模式不同。综上所述，这些结果为进一步研究 *CsDGAT* 基因的功能作用提供了有价值的信息，说明工业大麻脂质信号途径及限速酶编码基因 *CsDGAT* 在工业大麻冷响应过程中具有重要作用，值得进行更加深入细致的研究，来为工业大麻抗逆分子育种提供理论依据及基因资源，助力解决工业大麻产业发展中的问题。

植物对低温的耐受性是影响其地理分布和生长季节的重要经济和生态限制因素，植物对低温的耐受性在不同的植物物种之间差异显著，不同的物种可能存在不同的响应机制。本书围绕冷胁迫下工业大麻脂质合成机理这一问题，综合采用生物化学、生物信息学、分子生物学、功能基因组学及多组学关联分析等手段，从植株表型、生理生化指标变化入手，层层深入，通过脂质信号转导途径的转录调控模式分析脂质代谢调控机制，进而通过脂质代谢途径关键基因挖掘及分析对冷胁迫下工业大麻冷响应机制进行了探究，主要结论如下。

(1)冷胁迫会抑制工业大麻的光合作用及生长发育。胁迫过程中，随着时间延长，工业大麻幼苗叶片的膜透性增大，离子渗透加剧，膜脂过氧化水平加剧,细胞积累活性氧,膜损伤程度加深。在响应冷胁迫过程中,工业大麻可通过增加渗透调节物质及提升保护酶活性来缓解冷胁迫对植物细胞造成的损伤,以提升耐冷能力。

(2)冷胁迫下共检测到差异表达基因 5 936 个,其中上调表达基因 2 687 个,下调表达基因 3 249 个,其中共筛选出 732 条脂质代谢途径相关基因,分别注释到 18 条脂质代谢途径当中。差异表达基因主要在 TAG 合成、脂肪酸代谢及膜脂代谢过程富集。

(3)半乳糖脂 MGDG 和 DGDG 是工业大麻叶片最丰富的脂质种类。冷胁迫下 DGDG 含量显著上升,MGDG 含量显著降低。磷脂 PA、PG、PS、LPC、LPE 和 LPG 的含量水平均增加。脂质代谢的中间产物 DAG 和贮存脂质 TAG 含量显著增加。分子种分析结果显示,MGDG 和 DGDG 的主要分子种为 C36:6,说明工业大麻是典型的 18:3 植物。冷胁迫下,类囊体膜脂 DGDG 和 SQDG 多不饱和分子种的含量显著增加,提升了工业大麻膜脂不饱和程度。

(4)冷胁迫下,内质网中的磷脂合成途径、叶绿体中的半乳糖脂合成途径被激活,同时工业大麻 α-亚麻酸代谢和脂肪酸 β 氧化途径被激活,其代谢途径基因也多上调表达。

(5)共鉴定分离出 10 个 *CsDGAT* 基因家族成员,均具有家族成员特有的功能域。这些基因在不同品种、不同组织部位、不同种子发育阶段有不同的表达模式,其功能存在时空差异。*CsDGAT* 在工业大麻冷响应过程中具有重要作用,且其冷响应模式在叶部和根部组织中存在差异。

附　　录

附表 1 生理指标原始数据

	对照组			处理组		
0	0. 24	0. 24	0. 24	0. 26	0. 26	0. 26
1	0. 24	0. 25	0. 25	0. 29	0. 30	0. 29
3	0. 26	0. 25	0. 26	0. 31	0. 30	0. 30
5	0. 27	0. 29	0. 28	0. 32	0. 33	0. 34
7	0. 30	0. 29	0. 30	0. 35	0. 36	0. 35

附表 2　脂质亚类和脂质分子数量统计图

	对照组			处理组		
DGDG	1. 727 704	1. 082 246	1. 036 728	4. 380 491	6. 146 151	3. 007 141
MGDG	6. 265 928	5. 208 050	4. 444 518	2. 817 287	2. 769 718	3. 575 105
SQDG	1. 159 610	0. 925 253	1. 210 130	1. 031 903	1. 001 692	1. 245 816
PA	0. 187 871	0. 146 782	0. 117 251	0. 192 401	0. 253 072	0. 249 356
PC	0. 447 976	0. 258 678	0. 307 142	0. 233 065	0. 315 695	0. 431 190
PE	0. 178 294	0. 183 809	0. 235 140	0. 173 666	0. 152 772	0. 146 063
PG	0. 748 226	0. 712 337	0. 794 372	1. 009 290	1. 335 565	1. 167 670
PI	0. 439 709	0. 730 256	0. 596 563	0. 741 586	0. 532 665	0. 728 629
PS	0. 202 452	0. 227 568	0. 196 774	0. 430 483	0. 486 575	0. 355 968
TG	0. 498 676	0. 617 036	0. 662 345	0. 728 706	0. 785 092	0. 759 128
LPC	0. 066 723	0. 052 975	0. 051 847	0. 144 820	0. 156 618	0. 140 417
LPE	0. 008 087	0. 005 373	0. 007 548	0. 014 804	0. 023 631	0. 037 021
LPG	0. 013 704	0. 011 613	0. 006 410	0. 050 739	0. 040 446	0. 033 020

附表 3 冷胁迫下工业大麻膜脂组分变化原始数据

	对照组			处理组		
DGDG	1.727 704	1.082 246	1.036 728	4.380 491	6.146 151	3.007 141
MGDG	6.265 928	5.208 050	4.444 518	2.817 287	2.769 718	3.575 105
SQDG	1.159 610	0.925 253	1.210 130	1.031 903	1.001 692	1.245 816
PA	0.187 871	0.146 782	0.117 251	0.192 401	0.253 072	0.249 356
PC	0.447 976	0.258 678	0.307 142	0.233 065	0.315 695	0.431 190
PE	0.178 294	0.183 809	0.235 140	0.173 666	0.152 772	0.146 063
PG	0.748 226	0.712 337	0.794 372	1.009 290	1.335 565	1.167 670
PI	0.439 709	0.730 256	0.596 563	0.741 586	0.532 665	0.728 629
PS	0.202 452	0.227 568	0.196 774	0.430 483	0.486 575	0.355 968
TG	0.498 676	0.617 036	0.662 345	0.728 706	0.785 092	0.759 128
LPC	0.066 723	0.052 975	0.051 847	0.144 820	0.156 618	0.140 417
LPE	0.008 087	0.005 373	0.007 548	0.014 804	0.023 631	0.037 021
LPG	0.013 704	0.011 613	0.006 410	0.050 739	0.040 446	0.033 020
total lipid	93.176 160	78.074 770	79.222 080	82.627 400	110.262 600	67.947 780
TAG	0.498 676	0.617 036	0.662 345	0.728 706	0.785 092	0.759 128
DAG	16.111 170	12.360 420	11.743 010	11.134 770	20.008 590	10.583 580
TAG/DAG	32.307 870	20.031 940	17.729 430	14.523 790	25.485 650	13.941 750

附表 4　冷胁迫下工业大麻幼苗叶片主要甘油糖脂分子种含量变化原始数据

		对照组			处理组		
MGDG	36:6	0.749 543	0.729 743	0.503 860	0.498 553	0.465 482	0.408 666
	36:5	0.034 084	0.042 666	0.041 041	0.011 822	0.010 844	0.011 208
	36:4	0.020 079	0.025 250	0.023 367	0.014 562	0.019 667	0.015 574
	36:3	0.008 033	0.008 659	0.009 695	0.004 813	0.006 124	0.009 249
	36:2	0.000 333	0.000 440	0.000 214	0.000 942	0.000 351	0.000 351
	36:1	0.000 103	0.000 085	0.000 018	0.000 127	0.000 051	0.000 050
	34:6	0.002 812	0.001 995	0.002 648	0.003 496	0.009 072	0.007 475
	34:5	0.002 241	0.003 622	0.002 633	0.011 853	0.006 244	0.010 819
	34:4	0.009 219	0.009 732	0.001 758	0.016 883	0.004 999	0.005 769
	34:3	0.044 345	0.024 853	0.007 319	0.058 873	0.004 721	0.015 224
	34:2	0.004 034	0.003 617	0.000 444	0.009 414	0.000 237	0.002 032
	34:1	0.001 332	0.001 209	0.000 869	0.004 305	0.002 769	0.001 511
DGDG	36:6	0.233 457	0.485 884	0.331 654	0.563 044	0.667 121	0.399 831
	36:5	0.014 971	0.017 459	0.015 153	0.057 979	0.058 486	0.050 721
	36:4	0.019 342	0.023 115	0.028 230	0.020 075	0.010 962	0.023 572
	36:3	0.023 918	0.024 496	0.025 695	0.036 441	0.029 521	0.028 870
	36:2	0.008 910	0.006 005	0.007 268	0.004 481	0.003 077	0.002 034
	36:1	0.000 191	0.000 174	0.000 184	0.000 105	0.000 067	0.000 057
	34:6	0.000 551	0.000 728	0.000 850	0.002 052	0.001 732	0.003 437
	34:5	0.001 637	0.001 792	0.001 644	0.003 183	0.003 370	0.003 497
	34:4	0.011 729	0.013 990	0.011 334	0.036 787	0.027 137	0.022 147
	34:3	0.063 942	0.045 438	0.051 145	0.073 307	0.085 391	0.074 733
	34:2	0.015 015	0.019 119	0.014 213	0.020 134	0.014 170	0.028 138
	34:1	0.003 523	0.002 658	0.003 925	0.001 851	0.001 179	0.002 376

续表

		对照组			处理组		
SQDG	36:6	0.104 811	0.112 320	0.092 834	0.180 458	0.178 146	0.140 690
	36:5	0.023 080	0.023 004	0.041 656	0.066 253	0.047 583	0.033 383
	36:4	0.004 453	0.005 946	0.006 689	0.019 108	0.021 671	0.016 605
	36:3	0.035 440	0.038 047	0.047 025	0.027 020	0.027 435	0.018 617
	36:2	0.001 646	0.002 516	0.001 183	0.002 699	0.001 597	0.001 062
	36:1	0.001 646	0.002 516	0.001 183	0.002 699	0.001 597	0.001 062
	34:6	0	0	0	0	0	0
	34:5	0.000 294	0.000 427	0.000 615	0.001 386	0.000 985	0.001 272
	34:4	0.013 597	0.013 334	0.014 041	0.050 844	0.060 651	0.046 490
	34:3	0.194 456	0.200 879	0.213 674	0.171 645	0.215 713	0.213 330
	34:2	0.015 141	0.020 925	0.026 127	0.021 521	0.023 220	0.029 092
	34:1	0.011 787	0.010 480	0.010 529	0.004 367	0.005 734	0.004 914
PG	36:6	0.001 830	0.001 051	0.001 033	0.003 127	0.003 512	0.002 747
	36:5	0.003 913	0.002 071	0.004 165	0.005 841	0.003 276	0.003 259
	36:4	0.005 399	0.003 449	0.004 939	0.004 324	0.005 724	0.006 118
	36:3	0.000 563	0.000 518	0.000 799	0.000 613	0.000 943	0.000 395
	36:2	0.002 217	0.003 662	0.000 546	0.001 436	0.001 711	0.001 999
	36:1	0.000 348	0.000 267	0.000 570	0.000 677	0.000 739	0.000 781
	34:6	0	0	0	0	0	0
PG	34:5	0.003 392	0.003 082	0.003 226	0.004 129	0.003 810	0.004 210
	34:4	0.041 423	0.037 545	0.051 179	0.091 164	0.091 036	0.107 165
	34:3	0.017 596	0.018 859	0.014 869	0.025 174	0.030 253	0.025 631
	34:2	0.018 069	0.017 209	0.016 437	0.029 887	0.021 198	0.035 559
	34:1	0.027 389	0.031 878	0.022 851	0.036 376	0.046 865	0.034 211

附表 5　*CsDGAT* 基因家族的系统发育分析

物种	物种简称	基因名	数据库	编号
Aquilegia coerulea	*Aq*	*DGAT3*	JGI	Aquca_003_00301. 1
Arabidopsis lyrata	*Al*	*DGAT3*	JGI	913875
Arabidopsis thaliana	*At*	*DGAT1*	TAIR	AT2G19450
Arabidopsis thaliana	*At*	*DGAT2*	TAIR	AT3G51520
Arabidopsis thaliana	*At*	*DGAT3*	TAIR	AT1G48300
Arabidopsis thaliana	*At*	*WS/DGAT1*	TAIR	AT5G37300. 1
Arabidopsis thaliana	*At*	*WS/DGAT6*	TAIR	AT3G49210. 1
Arabidopsis thaliana	*At*	*WS/DGAT7*	TAIR	AT5G12420. 1
Arachis hypogaea	*Ah*	*DGAT1-1*	NCBI	KC736068
Arachis hypogaea	*Ah*	*DGAT1-2*	NCBI	KC736069
Arachis hypogaea	*Ah*	*DGAT2*	NCBI	AEO11788
Arachis hypogaea	*Ah*	*DGAT3-1*	NCBI	ABW34442
Arachis hypogaea	*Ah*	*DGAT3-2*	NCBI	AAX62735
Arachis hypogaea	*Ah*	*DGAT3-3*	NCBI	KC736067
Arachis hypogaea	*Ah*	*WS/DGAT*	JGI	arahy. Tifrunner. gnm1. ann1. J3RNWS. 1
Brachypodium distachyon	*Bradi*	*DGAT1*	JGI	Bradi1g37750. 1
Brachypodium distachyon	*Bradi*	*DGAT1*	JGI	Bradi2g33180. 1
Brachypodium distachyon	*Bradi*	*DGAT2*	JGI	Bradi1g42650. 1
Brachypodium distachyon	*Bradi*	*DGAT2*	JGI	Bradi3g53247. 1
Brachypodium distachyon	*Bradi*	*DGAT3*	JGI	Bradi2g36890. 1
Brassica juncea	*Bj*	*DGAT1*	NCBI	AAY40784. 1
Brassica napus	*Bn*	*DGAT2*	NCBI	ACO90187
Brassica napus	*Bn*	*DGAT1*	NCBI	AAD45536. 1
Brassica napus	*Bn*	*DGAT1*	NCBI	AFM31260. 1
Brassica napus	*Bn*	*DGAT1*	NCBI	AFM31259. 1
Brassica napus	*Bn*	*DGAT1*	NCBI	AFM31262. 1
Brassica rapa	*Bra*	*DGAT1*	JGI	Brara. G00164. 1
Brassica rapa	*Bra*	*DGAT1*	JGI	Brara. I01120. 1
Brassica rapa	*Bra*	*DGAT2*	JGI	Brara. A02083
Brassica rapa	*Bra*	*DGAT2*	JGI	Brara. C04367. 1
Brassica rapa	*Bra*	*DGAT3*	JGI	Brara. H00366. 1

续表

物种	物种简称	基因名	数据库	编号
Brassica rapa	*Bra*	*WS/DGAT*	JGI	Brara. B01454. 1. p
Brassica rapa	*Bra*	*WS/DGAT*	JGI	Brara. B00458. 1
Brassica rapa	*Bra*	*WS/DGAT*	JGI	Brara. C01989. 1
Capsella rubella	*Car*	*DGAT3*	JGI	Carubv10011099m
Carica papaya	*Cp*	*DGAT3*	JGI	evm. model. supercontig_146. 13
Chlamydomonas reinhardtii	*Cre*	*DGAT1*	JGI	Cre01g045903. t1. 1
Chlamydomonas reinhardtii	*Cre*	*DGAT2*	JGI	Cre06. g299050. t1. 2
Chlamydomonas reinhardtii	*Cre*	*DGAT2*	JGI	Cre09. g386912. t1. 1
Chlamydomonas reinhardtii	*Cre*	*DGAT2*	JGI	Cre02. g079050. t1. 3
Chlamydomonas reinhardtii	*Cre*	*DGAT2*	JGI	Cre03. g205050. t1. 2
Chlamydomonas reinhardtii	*Cre*	*DGAT2*	JGI	Cre12. g557750. t1. 3
Citrus clementina	*Cic*	*DGAT3*	JGI	Ciclev10020833m
Citrus clementina	*Cic*	*DGAT3*	JGI	Ciclev10005574m
Citrus sinensis	*Csi*	*DGAT3*	JGI	orange1. 1g023360m
Citrus sinensis	*Csi*	*DGAT3*	JGI	orange1. 1g018470m
Echium pitardii	*Ep*	*DGAT1*	NCBI	ACO55635. 1
Eucalyptus grandis	*Eugr*	*DGAT3*	JGI	Eucgr. H04131. 1
Euonymus alatus	*Ea*	*DGAT1*	NCBI	AAV31083. 1
Fragaria vesca	*Fve*	*DGAT3*	JGI	mrna22793. 1-v1. 0-hybrid
Glycine max	*Glyma*	*DGAT1*	JGI	Glyma09G065300. 1
Glycine max	*Glyma*	*DGAT1*	JGI	Glyma13G106100. 1
Glycine max	*Glyma*	*DGAT1*	JGI	Glyma17G053300. 1
Glycine max	*Glyma*	*DGAT2*	JGI	Glyma09G195400. 1
Glycine max	*Glyma*	*DGAT2*	JGI	Glyma11G088800. 1
Glycine max	*Glyma*	*DGAT2*	JGI	Glyma01G156000. 1
Glycine max	*Glyma*	*DGAT2*	JGI	Glyma16G115700. 1
Glycine max	*Glyma*	*DGAT2*	JGI	Glyma16G115800. 1
Glycine max	*Glyma*	*DGAT3*	JGI	Glyma13G118300. 1
Glycine max	*Glyma*	*DGAT3*	JGI	Glyma17G041600. 1
Glycine max	*Glyma*	*WS/DGAT*	JGI	Glyma. 09G196400. 1
Glycine max	*Glyma*	*WS/DGAT*	JGI	Glyma. 06G291700. 1
Glycine max	*Glyma*	*WS/DGAT*	JGI	Glyma. 12G114400. 1

续表

物种	物种简称	基因名	数据库	编号
Gossypium raimondii	*Gorai*	*DGAT3*	JGI	Gorai. 007G116800. 1
Jatropha curcas	*Jc*	*DGAT1*	NCBI	ABB84383. 1
Lotus japonicus	*Lj*	*DGAT1*	NCBI	AAW51456. 1
Malus domestica	*Md*	*DGAT3*	JGI	MDP0000192819
Manihot esculenta	*Manes*	*DGAT3*	JGI	Manes. 01G234700
Manihot esculenta	*Manes*	*DGAT3*	JGI	Manes. 03G212700
Medicago truncatula	*Medtr*	*DGAT1*	JGI	Medtr2g039940. 1
Medicago truncatula	*Medtr*	*DGAT2*	JGI	Medtr5g024990. 1
Medicago truncatula	*Medtr*	*DGAT2*	JGI	Medtr8g072550. 1
Medicago truncatula	*Medtr*	*DGAT2*	JGI	Medtr8g072540. 1
Medicago truncatula	*Medtr*	*DGAT3*	JGI	Medtr4g124080. 1
*Micromonas pusilla RCC*299	*Mp*	*DGAT2*	JGI	EuGene. 0500010193
*Micromonas pusilla RCC*300	*Mp*	*DGAT2*	JGI	EuGene. 1000010156
*Micromonas pusilla RCC*301	*Mp*	DGAT2	JGI	fgenesh2_pg. C_Chr_03000495
*Micromonas pusilla RCC*302	*Mp*	*DGAT2*	JGI	e_gw2. 06. 451. 1
*Micromonas pusilla RCC*303	*Mp*	*DGAT2*	JGI	est_cluster_kg.
Mimulus guttatus	*Migut*	*DGAT3*	JGI	Migut. H01460. 1. p
Nicotiana tabacum	*Nt*	*DGAT1*	NCBI	AAF19345. 1
Olea europaea	*Oe*	*DGAT1*	NCBI	AAS01606. 1
Oryza sativa	*Os*	*DGAT1*	JGI	Os06g36800. 1
Oryza sativa	*Os*	*DGAT1*	JGI	Os05g10810. 1
Oryza sativa	*Os*	*DGAT2*	JGI	Os02g48350. 1
Oryza sativa	*Os*	*DGAT2*	JGI	Os06g22080. 1
Oryza sativa	*Os*	*DGAT3*	JGI	Os05g04620. 1
Oryza sativa	*Os*	*WS/DGAT1*	JGI	Os01g48874. 1
Oryza sativa	*Os*	*WS/DGAT3*	JGI	Os01g48874. 2
Oryza sativa	*Os*	*WS/DGAT2*	JGI	Os05g48260. 1
Ostreococcus lucimarinus	*Ol*	*DGAT2*	JGI	eugene. 1200010135
Ostreococcus lucimarinus	*Ol*	*DGAT2*	JGI	eugene. 1500010069
Ostreococcus lucimarinus	*Ol*	*DGAT2*	JGI	fgenesh1_pm. C_Chr_13000021
Ostreococcus lucimarinus	*Ol*	*DGAT2*	JGI	fgenesh1_pg. C_Chr_8000176
Panicum virgatum	*Pavir*	*DGAT1*	JGI	J36735. 1
Panicum virgatum	*Pavir*	*DGAT1*	JGI	J31697. 1

续表

物种	物种简称	基因名	数据库	编号
Panicum virgatum	*Pavir*	*DGAT1*	JGI	J02054. 1
Panicum virgatum	*Pavir*	*DGAT1*	JGI	Da00530. 1
Panicum virgatum	*Pavir*	*DGAT2*	JGI	J34441. 1
Panicum virgatum	*Pavir*	*DGAT2*	JGI	Ab03087. 1
Panicum virgatum	*Pavir*	*DGAT2*	JGI	Da00364. 1
Panicum virgatum	*Pavir*	*DGAT2*	JGI	Db01505. 1
Perilla frutescens	*Pf*	*DGAT1*	NCBI	AAG23696. 1
Phaseolus vulgaris	*Phvul*	*DGAT1*	JGI	Phvul009G230700. 1
Phaseolus vulgaris	*Phvul*	*DGAT1*	JGI	Phvul003G134900. 1
Phaseolus vulgaris	*Phvul*	*DGAT2*	JGI	Phvul002G119500. 1
Phaseolus vulgaris	*Phvul*	*DGAT2*	JGI	Phvul003G272500. 1
Phaseolus vulgaris	*Phvul*	*DGAT2*	JGI	Phvul003G272600. 1
Phaseolus vulgaris	*Phvul*	*DGAT3*	JGI	Phvul003G123000. 1
Physcomitrella patens	*Phpat*	*DGAT1*	JGI	Pp3c15_23830
Physcomitrella patens	*Phpat*	*DGAT1*	JGI	Pp3c9_24440
Physcomitrella patens	*Phpat*	*DGAT2*	JGI	Pp3c22_20760
Physcomitrella patens	*Phpat*	*DGAT2*	JGI	Pp3c14_20110
Populus trichocarpa	*Potri*	*DGAT1*	JGI	Potri018G066100. 1
Populus trichocarpa	*Potri*	*DGAT1*	JGI	Potri006G147600. 1
Populus trichocarpa	*Potri*	*DGAT2*	JGI	Potri011G145900. 1
Populus trichocarpa	*Potri*	*DGAT3*	JGI	Potri002G187300. 1
Populus trichocarpa	*Potri*	*DGAT3*	JGI	Potri010G003200. 1
Ricinus communis	*Rc*	*DGAT1*	NCBI	29912. t000099
Ricinus communis	*Rc*	*DGAT2*	JGI	29682. t000014
Ricinus communis	*Rc*	*DGAT3*	JGI	29889. t000177
Selaginella moellendorffii	*Sm*	*DGAT1*	JGI	Sm_404425
Selaginella moellendorffii	*Sm*	*DGAT1*	JGI	Sm_81638
Selaginella moellendorffii	*Sm*	*DGAT2*	JGI	Sm_96204
Setaria italica	*Si*	*DGAT1*	JGI	Si006298m. g
Setaria italica	*Si*	*DGAT1*	JGI	Si021762m. g
Setaria italica	*Si*	*DGAT2*	JGI	Si017737m. g
Setaria italica	*Si*	*DGAT2*	JGI	Si006465m. g
Solanum lycopersicum	*Soly*	*DGAT3*	JGI	Solyc12g098850. 1. 1

续表

物种	物种简称	基因名	数据库	编号
Solanum tuberosum	*St*	*DGAT3*	JGI	PGSC0003DMP400008124
Sorghum bicolor	*Sobic*	*DGAT1*	JGI	Sobic010G170000. 1
Sorghum bicolor	*Sobic*	*DGAT1*	JGI	Sobic009G072700
Sorghum bicolor	*Sobic*	*DGAT2*	JGI	Sobic010G134400. 1
Sorghum bicolor	*Sobic*	*DGAT2*	JGI	Sobic004G261900. 1
Sorghum bicolor	*Sobic*	*DGAT2*	JGI	Sobic. 008G049000. 3
Sorghum bicolor	*Sobic*	*DGAT3*	JGI	Sobic009G034600. 1
Sorghum bicolor	*Sobic*	*WS/DGAT*	JGI	SbiRTX430. 03G334100. 1. p
Theobroma cacao	*Thecc*	*DGAT3*	JGI	Thecc1EG004941t1
Tropaeolum majus	*Tm*	*DGAT1*	NCBI	AAM03340. 2
Vernicia fordii	*Vf*	*DGAT1*	NCBI	ABC94472. 1
Vernonia galamensis	*Vg*	*DGAT1*	NCBI	ABV21945. 1
Vitis vinifera	*Vv*	*DGAT3*	JGI	GSVIVT01017699001
Vitis vinifera	*Vv*	*DGAT1*	NCBI	XP_002279345. 1
Volvox carteri	*Vocar*	*DGAT1*	JGI	Vocar20008498m. g
Volvox carteri	*Vocar*	*DGAT2*	JGI	Vocar. 0001s0245
Volvox carteri	*Vocar*	*DGAT2*	JGI	Vocar. 0008s0353. 1
Volvox carteri	*Vocar*	*DGAT2*	JGI	Vocar. 0047s0035
Zea mays	*Zm*	*DGAT1*	JGI	GRMZM2G130749
Zea mays	*Zm*	*DGAT1*	JGI	GRMZM2G169089
Zea mays	*Zm*	*DGAT2*	JGI	GRMZM2G042356
Zea mays	*Zm*	*DGAT2*	JGI	GRMZM2G050641
Zea mays	*Zm*	*DGAT3*	JGI	GRMZM2G122943_T01
Cannabis sativa	*Cs*	*DGAT1*	NCBI	XP_030487910. 1
Cannabis sativa	*Cs*	*DGAT2*	NCBI	XP_030486482. 1
Cannabis sativa	*Cs*	*DGAT3*	NCBI	XP_030507626. 1
Cannabis sativa	*Cs*	*WS/DGAT1. 1*	NCBI	XP_030501890. 1
Cannabis sativa	*Cs*	*WS/DGAT1. 2*	NCBI	XP_030492184. 1
Cannabis sativa	*Cs*	*WS/DGAT1. 3*	NCBI	XP_030486720. 1
Cannabis sativa	*Cs*	*WS/DGAT1. 4*	NCBI	XP_030488196. 1
Cannabis sativa	*Cs*	*WS/DGAT1. 5*	NCBI	XP_030503296. 1
Cannabis sativa	*Cs*	*WS/DGAT1. 6*	NCBI	XP_030492330. 1
Cannabis sativa	*Cs*	*WS/DGAT1. 7*	NCBI	XP_030486282. 1

附表 6　基于转录组表达数据的 *CsDGAT* 基因在不同品种大麻中的表达水平

基因名	Varieties								
	Blackberry Kush	Black Lime	Cherry Chem	Canna Tsu	Mama Thai	Sour Diesel	Terple	Valley Fire	White Cookies
DGAT1	23.697 578 81	26.938 198 67	11.215 025 66	28.265 322 82	21.926 215 01	51.756 519 97	21.339 407 07	43.999 375 60	27.052 787 34
DGAT2	4.511 627 87	6.624 751 99	6.451 530 23	6.604 363 60	5.571 167 48	9.212 268 79	7.323 594 15	9.459 155 93	9.057 085 51
DGAT3	28.279 149 02	30.640 013 09	24.254 566 32	36.548 149 76	50.327 853 99	30.154 247 50	24.176 813 69	21.800 019 72	18.209 997 22
CsWSD1.1	8.326 863 44	2.731 753 41	2.262 103 12	1.247 117 67	2.950 329 25	1.872 854 39	2.802 380 93	4.503 905 09	2.367 005 51
CsWSD1.2	6.383 866 71	16.601 342 37	54.309 215 24	12.337 194 41	19.010 903 41	39.068 882 3	15.774 782 54	21.224 192 18	4.156 155 46
CsWSD1.3	0.501 095 01	0.787 279 63	0.153 575 04	0.135 790 95	0.260 712 11	0.120 387 03	0.669 912 89	2.914 963 39	0.246 703 32
CsWSD1.4	1.324 611 78	0	0.157 428 90	0	0.302 605 48	0.074 676 81	0	0.201 773 96	0
CsWSD1.5	0.423 116 99	0.089 158 82	1.314 156 33	0.077 086 93	0.481 005 64	0.331 927 08	0.074 059 54	0.240 687 23	0.068 265 58
CsWSD1.6	0.092 751 49	0.087 268 45	0.014 125 82	0.132 150 27	1.748 604 85	0.036 521 05	0.458 927 79	0.392 943 17	0.013 562 45
CsWSD1.7	16.956 950 12	12.878 960 39	1.468 791 92	1.863 717 15	13.767 186 51	2.441 460 27	9.183 908 06	9.454 171 12	2.078 445 31

附表 7　基于转录组表达数据的 *CsDGAT* 基因在大麻不同组织中的表达水平

基因名	组织				
	根	茎	叶	花	种子
CsDGAT1	16.689 895 55	14.911 945 42	9.965 772 24	18.929 051 46	14.115 709 87
CsDGAT2	5.658 029 96	6.093 273 91	6.135 377 38	12.401 788 64	11.573 503 79
CsDGAT3	50.556 832 51	33.147 676 71	48.041 050 68	24.534 821 81	29.587 818 98
CsWSD1.1	27.881 548 74	22.807 207 50	26.372 870 80	7.211 990 60	6.660 250 02
CsWSD1.2	0.138 871 55	1.567 880 27	13.761 386 59	90.631 118 27	18.561 838 88
CsWSD1.3	0.507 208 12	36.023 989 01	62.809 801 80	7.670 687 63	0.572 389 03
CsWSD1.4	0.010 039 62	0.420 516 90	0.009 317 29	1.920 944 46	25.379 586 34
CsWSD1.5	0.072 369 90	0.687 572 18	0.084 281 23	7.163 574 36	0.889 544 99
CsWSD1.6	1.156 807 90	0.178 405 02	4.131 008 47	2.856 281 49	3.166 763 87
CsWSD1.7	25.825 110 61	59.496 127 18	219.643 173 90	7.067 046 09	6.495 545 03

附表 8　*CsDGAT* 基因在不同生育期受精后大麻种子中的表达水平

基因名	受精后 10 天	受精后 20 天	受精后 27 天
CsDGAT1	14.005 6	8.602 3	15.481 3
CsDGAT2	20.017 5	16.732 1	17.648 9
CsDGAT3	41.836 0	24.896 8	52.446 8
CsWSD1.1	7.251 3	6.508 1	6.882 6
CsWSD1.2	11.590 8	13.704 1	14.869 2
CsWSD1.3	0.140 9	0.814 1	0.519 4
CsWSD1.4	37.073 8	63.116 3	82.745 2
CsWSD1.5	1.350 0	0.165 1	0.184 3
CsWSD1.6	2.299 2	1.567 9	5.809 2
CsWSD1.7	9.042 5	8.986 6	8.260 0

附表 9　组织部位实时定量-原始数据

CsDGAT1					*CsDGAT6*				
根	茎	叶	花	种子	根	茎	叶	花	种子
1.00	0.72	0.66	14.80	6.58	1.00	2.30	11.37	1.16	0.77
1.00	0.82	0.77	16.00	7.95	1.00	3.16	13.89	2.63	1.60
1.00	0.86	0.90	16.95	7.86	1.00	3.18	14.98	2.74	1.51
CsDGAT2					*CsDGAT7*				
根	茎	叶	花	种子	根	茎	叶	花	种子
1.00	1.49	1.77	9.55	2.30	1.00	0.97	0.53	1.03	12.58
1.00	1.30	1.52	8.34	2.04	1.00	0.65	0.60	1.62	15.55
1.00	0.98	1.52	8.08	2.85	1.00	0.94	0.48	0.94	15.65
CsDGAT3					*CsDGAT8*				
根	茎	叶	花	种子	根	茎	叶	花	种子
1.00	0.68	4.89	0.53	1.51	1.00	0.55	0.69	4.83	1.16
1.00	0.57	3.92	0.87	1.84	1.00	0.58	0.60	4.53	1.22
1.00	0.38	4.60	0.70	1.98	1.00	0.32	0.45	4.98	1.38
CsDGAT4					*CsDGAT9*				
根	茎	叶	花	种子	根	茎	叶	花	种子
1.00	0.50	1.31	0.48	0.26	1.00	0.06	6.47	1.28	4.53
1.00	0.58	0.83	0.24	0.14	1.00	0.13	7.21	1.09	6.42
1.00	0.32	1.17	0.63	0.29	1.00	0.09	6.08	1.78	4.40
CsDGAT5					*CsDGAT10*				
根	茎	叶	花	种子	根	茎	叶	花	种子
1.00	1.68	2.64	16.58	7.90	1.00	9.26	56.62	0.35	0.38
1.00	2.77	4.01	14.66	6.64	1.00	10.70	60.85	0.64	0.34
1.00	1.19	4.84	14.30	7.41	1.00	8.66	70.70	0.61	0.84

附表 10 低温处理实时定量-原始数据

CsDGAT1 叶				
0 h	12 h	24 h	48 h	72 h
0.810 00	0.969 36	1.278 05	2.646 36	1.919 83
0.770 00	0.831 90	1.213 05	2.439 16	2.072 76
1.060 00	0.754 10	1.291 98	2.309 72	2.021 98
CsDGAT1 根				
0 h	12 h	24 h	48 h	72 h
1.340 22	0.837 86	2.732 18	2.098 53	4.934 23
1.055 00	1.351 26	2.894 30	2.159 68	4.332 39
0.935 00	1.268 18	2.697 19	2.278 78	4.694 61
CsDGAT1.1 叶				
0 h	12 h	24 h	48 h	72 h
1.249 92	0.184 59	0.418 10	0.877 04	0.187 45
0.814 67	0.167 10	0.385 21	0.936 32	0.173 10
1.332 54	0.180 03	0.405 48	0.943 51	0.172 27
CsDGAT1.1 根				
0 h	12 h	24 h	48 h	72 h
0.784 90	1.670 57	0.800 37	0.636 50	0.374 57
0.839 50	1.730 33	0.804 63	0.602 50	0.349 39
0.863 74	1.676 33	0.779 29	0.640 46	0.343 67
CsDGAT1.4 叶				
0 h	12 h	24 h	48 h	72 h
1.050 34	0.700 09	0.859 08	0.240 37	0.420 99
0.824 69	1.149 59	1.428 00	0.276 97	0.363 29
1.002 83	0.810 31	1.153 09	0.148 63	0.436 31
CsDGAT1.4 根				
0 h	12 h	24 h	48 h	72 h
1.062 50	1.140 61	1.846 43	4.024 92	1.992 53
1.034 16	1.139 47	1.836 31	4.800 98	1.623 02
1.347 50	1.293 53	1.709 00	4.561 02	1.980 74

续表

CsDGAT1.7 叶				
0 h	12 h	24 h	48 h	72 h
0.990 00	0.272 49	0.110 87	0.114 46	0.301 00
1.230 00	0.292 87	0.119 10	0.122 77	0.320 13
1.360 00	0.305 25	0.127 38	0.130 24	0.320 79
CsDGAT1.7 根				
0 h	12 h	24 h	48 h	72 h
1.189 67	1.025 46	0.143 16	0.337 08	0.279 62
0.997 02	1.068 58	0.145 93	0.297 28	0.263 17
1.060 00	1.022 28	0.148 66	0.316 42	0.259 81
CsDGAT2 叶				
0 h	12 h	24 h	48 h	72 h
1.139 94	0.401 79	0.412 69	5.544 11	2.745 56
1.051 07	0.422 55	0.437 06	4.465 63	3.058 52
1.153 67	0.379 68	0.396 01	4.664 13	2.525 58
CsDGAT2 根				
0 h	12 h	24 h	48 h	72 h
0.935 05	1.209 00	1.010 86	4.729 43	2.131 24
0.884 50	0.978 69	1.072 31	4.842 29	1.718 40
1.217 62	0.950 40	1.030 39	4.478 82	1.933 11
CsDGAT1.2 叶				
0 h	12 h	24 h	48 h	72 h
0.818 21	0.795 59	3.511 86	0.182 19	0.366 11
0.845 34	0.620 82	3.497 90	0.293 76	0.394 05
1.167 14	0.687 01	3.357 76	0.173 29	0.388 83
CsDGAT1.2 根				
0 h	12 h	24 h	48 h	72 h
1.087 57	2.693 82	0.337 23	4.095 33	7.751 36
0.828 60	4.391 03	0.513 05	4.884 24	9.338 13
1.169 18	5.836 77	0.372 21	3.392 63	6.700 90

续表

CsDGAT1. 5 叶				
0 h	12 h	24 h	48 h	72 h
1. 067 51	0. 154 26	1. 715 27	0. 022 19	0. 009 21
1. 233 94	0. 163 22	1. 854 19	0. 025 85	0. 012 24
0. 965 63	0. 157 30	1. 812 49	0. 025 56	0. 002 74
CsDGAT1. 5 根				
0 h	12 h	24 h	48 h	72 h
0. 990 00	0. 281 14	4. 719 86	1. 400 41	0. 478 55
1. 080 63	0. 396 68	4. 531 64	1. 381 65	0. 749 20
1. 021 25	0. 552 75	5. 541 25	1. 571 35	0. 522 86
CsDGAT1. 3 叶				
0 h	12 h	24 h	48 h	72 h
0. 899 42	0. 197 48	0. 217 56	0. 608 88	0. 573 72
0. 867 28	0. 237 18	0. 235 55	0. 553 20	0. 482 98
0. 807 58	0. 226 88	0. 228 79	0. 666 86	0. 601 94
CsDGAT1. 3 根				
0 h	12 h	24 h	48 h	72 h
1. 090 52	0. 991 48	3. 414 48	0. 646 18	1. 420 24
0. 826 10	0. 943 61	2. 980 89	0. 916 00	2. 156 18
1. 017 24	0. 835 76	3. 752 47	0. 539 77	1. 807 64
CsDGAT1. 6 叶				
0 h	12 h	24 h	48 h	72 h
0. 875 97	0. 233 16	0. 615 91	0. 252 20	0. 129 63
1. 249 46	0. 249 92	0. 693 40	0. 180 10	0. 141 48
1. 070 07	0. 269 45	0. 636 29	0. 355 94	0. 128 82
CsDGAT1. 6 根				
0 h	12 h	24 h	48 h	72 h
1. 044 93	2. 344 07	4. 565 20	2. 255 56	1. 954 35
1. 067 75	2. 511 03	3. 499 30	1. 926 45	1. 931 75
1. 293 22	1. 648 62	5. 000 99	2. 368 98	2. 823 59

参考文献

[1] RAJU S K K, BARNES A C, SCHNABLE J C, et al. Low-temperature tolerance in land plants: are transcript and membrane responses conserved? [J]. Plant Sci, 2018, 276: 73-86.

[2] RAWAT N, SINGLA-PAREEK S L, PAREEK A. Membrane dynamics during individual and combined abiotic stresses in plants and tools to study the same [J]. Physiol Plant, 171(4): 653-676.

[3] LI S X, YANG W Y, GUO J H, et al. Changes in photosynthesis and respiratory metabolism of maize seedlings growing under low temperature stress may be regulated by arbuscular mycorrhizal fungi[J]. Plant Physiol Biochem, 2020, 154: 1-10.

[4] XU Z Y, YOU W J, ZHOU Y B, et al. Cold-induced lipid dynamics and transcriptional programs in white adipose tissue[J]. BMC Biol, 2019, 17: 74.

[5] ZHU J K. Abiotic stress signaling and responses in plants[J]. Cell, 2016, 167 (2): 313-324.

[6] COOK R, LUPETTE J, BENNING C. The role of chloroplast membrane lipid metabolism in plant environmental responses[J]. Cells, 2021, 10(3): 706.

[7] LIU Y, SU Y, WANG X M. Phosphatidic acid-mediated signaling[J]. Adv Exp Med Biol, 2013, 991: 159-176.

[8] ZEGARLIŃSKA J, PIAŚCIK M, SIKORSKI A F, et al. Phosphatidic acid-a simple phospholipid with multiple faces[J]. Acta Biochim Pol, 2018, 65(2): 163-171.

[9] KIM S C, WANG X M. Phosphatidic acid: an emerging versatile class of cellular mediators[J]. Essays Biochem, 2020, 64(3): 533-546.

[10] NARAYANAN S, PRASAD P V V, WELTI R. Wheat leaf lipids during heat stress: II. lipids experiencing coordinated metabolism are detected by analysis of lipid co-occurrence[J]. Plant Cell Environ, 2016, 39(3): 608-617.

[11] GU Y N, HE L, ZHAO C J, et al. Biochemical and transcriptional regulation of membrane lipid metabolism in maize leaves under low temperature[J]. Front

Plant Sci,2017,8:2053.

[12] SHIVA S, SAMARAKOON T, LOWE K A, et al. Leaf lipid alterations in response to heat stress of *Arabidopsis thaliana*[J]. Plants,2020,9(7):845.

[13] ZUTHER E,SCHAARSCHMIDT S,FISCHER A,et al. Molecular signatures of increased freezing tolerance due to low temperature memory in *Arabidopsis* [J]. Plant Cell Environ,2019,42(3):854-873.

[14] DOS REIS M V, ROUHANA L V, SADEQUE A, et al. Genome - wide expression of low temperature response genes in *Rosa hybrida* L. [J]. Plant Physiol Biochem,2020,146:238-248.

[15] XIE T L,GU W R,LI C F,et al. Exogenous DCPTA increases the tolerance of maize seedlings to PEG - simulated drought by regulating nitrogen metabolism-related enzymes[J]. Agronomy,2019,9(11):676.

[16] TELESZKO M, ZAJĄC A,RUSAK T. Hemp seeds of the Polish 'Bialobrzeskie' and 'Henola' varieties (*Cannabis sativa* L. var. *sativa*) as prospective plant sources for food production[J]. Molecules,2022,27(4):1448.

[17] BACKER R,SCHWINGHAMER T,ROSENBAUM P,et al. Closing the yield gap for cannabis: a meta-analysis of factors determining cannabis yield[J]. Front Plant Sci,2019,10:495.

[18] HURGOBIN B, TAMIRU - OLI M, WELLING M T. Recent advances in *Cannabis sativa* genomics research[J]. New Phytol,2021,230(1):73-89.

[19] SHIELS D, PRESTWICH B D, KOO O, et al. Hemp genome editing—challenges and opportunities [J]. Front Genome Ed, 2022, 4:823486.

[20] WANG X M. Lipid signaling [J]. Curr Opin Plant Biol, 2004, 7 (3): 329-336.

[21] MOELLERING E R,MUTHAN B,BENNING C. Freezing tolerance in plants requires lipid remodeling at the outer chloroplast membrane [J]. Science, 2010,330(6001):226-228.

[22] GASULLA F, VOM DORP K, DOMBRINK I, et al. The role of lipid metabolism in the acquisition of desiccation tolerance in Craterostigma plantagineum:a comparative approach[J]. Plant J,2013,75(5):726-741.

[23] BHATTACHARYA A. Lipid metabolism in plants under low-temperature stress: a Review [C]//Physiological Processes in Plants Under Low Temperature Stress. Singapore:Springer,2022:409-516.

[24] WANG X M, DEVAIAH S P, ZHANG W H, et al. Signaling functions of phosphatidic acid[J]. Prog Lipid Res,2006,45(3):250-278.

[25] OKAZAKI Y,SAITO K. Roles of lipids as signaling molecules and mitigators during stress response in plants[J]. Plant J,2014,79(4):584-596.

[26] GAUDE N, NAKAMURA Y, SCHEIBLE W R, et al. Phospholipase C5 (NPC5) is involved in galactolipid accumulation during phosphate limitation in leaves of Arabidopsis[J]. Plant J,2008,56(1):28-39.

[27] SUH M C,HAHNE G,LIU J R,et al. Plant lipid biology and biotechnology [J]. Plant Cell Rep,2015,34:517-518.

[28] LI-BEISSON Y,SHORROSH B,BEISSON F,et al. Acyl-lipid metabolism [J]. Arabidopsis Book,2013(11):e0161.

[29] DYER J M,STYMNE S,GREEN A G,et al. High-value oils from plants[J]. Plant J,2008,54(4):640-655.

[30] WATANABE E,KONDO M,KAMAL M M,et al. Plasma membrane proteomic changes of *Arabidopsis* DRP1E during cold acclimation in association with the enhancement of freezing tolerance[J]. Physiol Plant,2022,174(6):e13820.

[31] CACAS J L,FURT F,LE GUÉDARD M,et al. Lipids of plant membrane rafts [J]. Prog Lipid Res,2012,51(3):272-299.

[32] ABRAHAM S, HECKENTHALER T, MORGENSTERN Y, et al. Effect of temperature on the structure, electrical resistivity, and charge capacitance of supported lipid bilayers[J]. Langmuir,2019,35(26):8709-8715.

[33] MAZUR R,GIECZEWSKA K,KOWALEWSKA Ł,et al. Specific composition

of lipid phases allows retaining an optimal thylakoid membrane fluidity in plant response to low - temperature treatment [J]. Front Plant Sci, 2020, 11:723.

[34] HUR J, JUNG K H, LEE C H, et al. Stress - inducible *OsP5CS2* gene is essential for salt and cold tolerance in rice[J]. Plant Sci, 2004, 167(3):417-426.

[35] UEMURA M, TOMINAGA Y, NAKAGAWARA C, et al. Responses of the plasma membrane to low temperatures [J]. Physiol Plant, 2016, 126 (1): 81-89.

[36] PYC M, CAI Y Q, GREER M S, et al. Turning over a new leaf in lipid droplet biology[J]. Trends Plant Sci, 2017, 22(7):596-609.

[37] BROCARD L, IMMEL F, COULON D, et al. Proteomic analysis of lipid droplets from Arabidopsis aging leaves brings new insight into their biogenesis and functions[J]. Front Plant Sci, 2017, 8:894.

[38] KIM E Y, PARK K Y, SEO Y S, et al. Arabidopsis small rubber particle protein homolog SRPs play dual roles as positive factors for tissue growth and development and in drought stress responses [J]. Plant Physiol, 2016, 170 (4):2494-2510.

[39] PARK K Y, KIM W T, KIM E Y. The proper localization of RESPONSIVE TO DESICCATION 20 in lipid droplets depends on their biogenesis induced by STRESS-RELATED PROTEINS in vegetative tissues [J]. Biochem Biophys Res Commun, 2018, 495(2):1885-1889.

[40] BLÉE E, FLENET M, BOACHON B, et al. A non - canonical caleosin from *Arabidopsis* efficiently epoxidizes physiological unsaturated fatty acids with complete stereoselectivity[J]. FEBS J, 2012, 279(20):3981-3995.

[41] BALOGH G, PÉTER M, GLATZ A, et al. Key role of lipids in heat stress management[J]. FEBS Lett, 2013, 587(13):1970-1980.

[42] HÖLZL G, DÖRMANN P. Chloroplast lipids and their biosynthesis[J]. Annu

Rev Plant Biol,2019,70:51–81.

[43] BARNES A C,BENNING C,ROSTON R L. Chloroplast membrane remodeling during freezing stress is accompanied by cytoplasmic acidification activating SENSITIVE TO FREEZING2[J]. Plant Physiol,2016,171(3):2140–2149.

[44] TAN W J, YANG Y C, ZHOU Y, et al. DIACYLGLYCEROL ACYLTRANSFERASE and DIACYLGLYCEROL KINASE modulate triacylglycerol and phosphatidic acid production in the plant response to freezing stress[J]. Plant Physiol,2018,177(3):1303–1318.

[45] ARISZ S A, VAN WIJK R, ROELS W, et al. Rapid phosphatidic acid accumulation in response to low temperature stress in Arabidopsis is generated through diacylglycerol kinase[J]. Front Plant Sci,2013,4:1.

[46] LU J H,XU Y,WANG J L,et al. The role of triacylglycerol in plant stress response[J]. Plants,2020,9(4):472.

[47] ARISZ S A, HEO J Y, KOEVOETS I T, et al. DIACYLGLYCEROL ACYLTRANSFERASE1 contributes to freezing tolerance[J]. Plant Physiol, 2018,177(4):1410–1424.

[48] SPICHER L,GLAUSER G,KESSLER F. Lipid antioxidant and galactolipid remodeling under temperature stress in tomato plants[J]. Front Plant Sci, 2016,7:167.

[49] RASTOGI A,YADAV D K,SZYMAŃSKA R,et al. Singlet oxygen scavenging activity of tocopherol and plastochromanol in *Arabidopsis thaliana*: relevance to photooxidative stress[J]. Plant Cell Environ,2014,37(2):392–401.

[50] ROCHAIX J D,LEMEILLE S,SHAPIGUZOV A,et al. Protein kinases and phosphatases involved in the acclimation of the photosynthetic apparatus to a changing light environment[J]. Philos Trans R Soc Lond B Biol Sci,2012, 367(1608):3466–3474.

[51] ZHENG G W, TIAN B, ZHANG F J, et al. Plant adaptation to frequent alterations between high and low temperatures: remodelling of membrane lipids

and maintenance of unsaturation levels[J]. Plant Cell Environ,2011,34(9): 1431-1442.

[52] ZHANG R, WISE R R, STRUCK K R, et al. Moderate heat stress of *Arabidopsis thaliana* leaves causes chloroplast swelling and plastoglobule formation[J]. Photosynth Res,2010,105:123-134.

[53] UPCHURCH R G. Fatty acid unsaturation,mobilization,and regulation in the response of plants to stress[J]. Biotechnol Lett,2008,30:967-977.

[54] IBA K. Acclimative response to temperature stress in higher plants: approaches of gene engineering for temperature tolerance[J]. Annu Rev Plant Biol,2002, 53:225-245.

[55] MIQUEL M, BROWSE J. Arabidopsis mutants deficient in polyunsaturated fatty acid synthesis. Biochemical and genetic characterization of a plant oleoyl-phosphatidylcholine desaturase[J]. J Biol Chem,1992,267(3):1502-1509.

[56] VEGA S E, DEL RIO A H, BAMBERG J B, et al. Evidence for the up-regulation of stearoyl-ACP (Δ9) desaturase gene expression during cold acclimation[J]. Am J Potato Res,2004,81:125-135.

[57] NISHIUCHI T,IBA K. Roles of plastid ε-3 fatty acid desaturases in defense response of higher plants[J]. J Plant Res,1998,111:481-486.

[58] HAMADA T, KODAMA H, TAKESHITA K, et al. Characterization of transgenic tobacco with an increased α-linolenic acid level[J]. Plant Physiol,1998,118(2):591-598.

[59] WANG D Z, JIN Y N, DING X H, et al. Gene regulation and signal transduction in the ICE-CBF-COR signaling pathway during cold stress in plants[J]. Biochemistry(Moscow),2017,82:1103-1117.

[60] ZHANG H, DONG J L, ZHAO X H, et al. Research progress in membrane lipid metabolism and molecular mechanism in peanut cold tolerance[J]. Front Plant Sci,2019,10:838.

[61] 唐月异. 花生耐低温种质筛选及相关差异表达基因鉴定[D]. 青岛:中国海洋大学,2012.

[62] BARRERO - SICILIA C, SILVESTRE S, HASLAM R P, et al. Lipid remodelling: unravelling the response to cold stress in *Arabidopsis* and its extremophile relative *Eutrema salsugineum* [J]. Plant Sci, 2017, 263: 194-200.

[63] KAZEMI-SHAHANDASHTI S S, MAALI-AMIRI R. Global insights of protein responses to cold stress in plants: signaling, defence, and degradation[J]. J Plant Physiol, 2018, 226: 123-135.

[64] THOMAS A H, CATALÁ Á, VIGNONI M. Soybean phosphatidylcholine liposomes as model membranes to study lipid peroxidation photoinduced by pterin[J]. Biochim Biophys Acta, 2016, 1858(1): 139-145.

[65] CHOUDHURY F K, RIVERO R M, BLUMWALD E, et al. Reactive oxygen species, abiotic stress and stress combination[J]. Plant J, 2017, 90(5): 856-867.

[66] IQBAL H, YANING C, WAQAS M, et al. Hydrogen peroxide application improves quinoa performance by affecting physiological and biochemical mechanisms under water-deficit conditions[J]. J Agro Crop Sci, 2018, 204(6): 541-553.

[67] TIAN X, LIU Y, HUANG Z G, et al. Comparative proteomic analysis of seedling leaves of cold-tolerant and -sensitive spring soybean cultivars[J]. Mol Biol Rep, 2015, 42: 581-601.

[68] YU L H, ZHOU C, FAN J L, et al. Mechanisms and functions of membrane lipid remodeling in plants[J]. Plant J, 2021, 107(1): 37-53.

[69] SAITA E, ALBANESI D, DE MENDOZA D. Sensing membrane thickness: lessons learned from cold stress[J]. Biochim Biophys Acta, 2016, 1861(8): 837-846.

[70] KOBAYASHI K. Role of membrane glycerolipids in photosynthesis, thylakoid

biogenesis and chloroplast development[J]. J Plant Res,2016,129:565-580.

[71] SUN W,LI Y,ZHAO Y X,et al. The TsnsLTP4,a nonspecific lipid transfer protein involved in wax deposition and stress tolerance[J]. Plant Mol Biol Rep,2015,33:962-974.

[72] CHOI C,HWANG C H. The barley lipid transfer protein,BLT101,enhances cold tolerance in wheat under cold stress[J]. Plant Biotechnol Rep,2015,9:197-207.

[73] LIU F,ZHANG X B,LU C M,et al. Non-specific lipid transfer proteins in plants:presenting new advances and an integrated functional analysis[J]. J Exp Bot,2015,66(19):5663-5681.

[74] SHEPHERD T, WYNNE GRIFFITHS D. The effects of stress on plant cuticular waxes[J]. New Phytol,2006,171(3):469-499.

[75] KARABUDAK T,BOR M,ÖZDEMIR F,et al. Glycine betaine protects tomato (*Solanum lycopersicum*) plants at low temperature by inducing fatty acid desaturase7 and lipoxygenase gene expression[J]. Mol Biol Rep,2014,41:1401-1410.

[76] NEJADSADEGHI L, MAALI-AMIRI R, ZEINALI H, et al. Membrane fatty acid compositions and cold-induced responses in tetraploid and hexaploid wheats[J]. Mol Biol Rep,2015,42:363-372.

[77] IANUTSEVICH E A,DANILOVA O A,GROZA N V,et al. Membrane lipids and cytosol carbohydrates in *Aspergillus niger* under osmotic,oxidative,and cold impact[J]. Microbiology,2016,85:302-310.

[78] SHAN L,TANG G Y,XU P L,et al. Cloning and analysis of 5′ flanking regions of *Arachisis hypogaea* L. genes encoding plastidial acyl carrier protein [J]. Acta Agronomica Sinica,2014,40(3):381-389.

[79] ZHANG B H,SU L C,HU B,et al. Expression of *AhDREB*1,an AP2/ERF transcription factor gene from peanut,is affected by histone acetylation and increases abscisic acid sensitivity and tolerance to osmotic stress in *Arabidopsis*

[J]. Int J Mol Sci,2018,19(5):1441.

[80] LI X T,LIU P,YANG P P,et al. Characterization of the glycerol-3-phosphate acyltransferase gene and its real-time expression under cold stress in *Paeonia lactiflora* Pall[J]. PLoS One,2018,13(8):e0202168.

[81] WELTI R,LI W Q,LI M Y,et al. Profiling membrane lipids in plant stress responses:role of phospholipase Dα in freezing-induced lipid changes in *Arabidopsis*[J]. J Biol Chem,2002,277(35):31994-32002.

[82] MUKHERJEE A,ROY S C,DE BERA S,et al. Results of molecular analysis of an archaeological hemp (*Cannabis sativa* L.) DNA sample from North West China[J]. Genet Resour Crop Evol,2008,55:481-485.

[83] MCPARTLAND J M,GUY G W,HEGMAN W. *Cannabis* is indigenous to Europe and cultivation began during the Copper or Bronze age:a probabilistic synthesis of fossil pollen studies[J]. Veget Hist Archaeobot,2018,27:635-648.

[84] IRAKLI M,TSALIKI E,KALIVAS A,et al. Effect of genotype and growing year on the nutritional,phytochemical,and antioxidant properties of industrial hemp (*Cannabis sativa* L.) seeds[J]. Antioxidants,2019,8(10):491.

[85] GUINEY C. Cannabis legislation in Europe:an overview[J]. Drugnet Ireland,2017(62):10-11.

[86] FARINON B,MOLINARI R,COSTANTINI L,et al. The seed of industrial hemp (*Cannabis sativa* L.):nutritional quality and potential functionality for human health and nutrition[J]. Nutrients,2020,12(7):1935.

[87] 孟妍,曾剑华,王尚杰,等. 汉麻籽蛋白研究进展[J]. 食品工业,2020,41(1):268-273.

[88] 宋淑敏,魏连会,董艳,等. 汉麻降脂肽氨基酸序列分析[J]. 中国粮油学报,2021,36(3):51-58.

[89] GALASSO I,RUSSO R,MAPELLI S,et al. Variability in seed traits in a collection of *Cannabis sativa* L. genotypes[J]. Front Plant Sci,2016,7:688.

[90] MATTILA P,MÄKINEN S,EUROLA M,et al. Nutritional value of commercial protein-rich plant products[J]. Plant Foods Hum Nutr,2018,73:108-115.

[91] SIANO F,MOCCIA S,PICARIELLO G,et al. Comparative study of chemical, biochemical characteristic and ATR-FTIR analysis of seeds,oil and flour of the edible Fedora cultivar hemp (*Cannabis sativa* L.)[J]. Molecules,2019, 24(1):83.

[92] LAN Y,ZHA F C,PECKRUL A,et al. Genotype x environmental effects on yielding ability and seed chemical composition of industrial hemp (*Cannabis sativa* L.) varieties grown in North Dakota,USA[J]. J Am Oil Chem Soc, 2019,96(12):1417-1425.

[93] OSEYKO M, SOVA N, LUTSENKO M, et al. Chemical aspects of the composition of industrial hemp seed products[J]. Ukrainian Food Journal, 2019,8(3):544-559.

[94] VONAPARTIS E, AUBIN M P, SEGUIN P, et al. Seed composition of ten industrial hemp cultivars approved for production in Canada[J]. J Food Compos Anal,2015,39:8-12.

[95] SIMOPOULOS A P. The importance of the omega-6/omega-3 fatty acid ratio in cardiovascular disease and other chronic diseases[J]. Exp Biol Med,2008, 233(6):674-688.

[96] CALLAWAY J C. Hempseed as a nutritional resource: an overview[J]. Euphytica,2004,140:65-72.

[97] DA PORTO C, DECORTI D, NATOLINO A. Potential oil yield, fatty acid composition,and oxidation stability of the hempseed oil from four *Cannabis sativa* L. cultivars[J]. J Diet Suppl,2015,12(1):1-10.

[98] MONTSERRAT-DE LA PAZ S,MARÍN-AGUILAR F,GARCÍA-GIMÉNEZ M D,et al. Hemp (*Cannabis sativa* L.) seed oil:analytical and phytochemical characterization of the unsaponifiable fraction[J]. J Agric Food Chem,2014, 62(5):1105-1110.

[99] TEH S S, BIRCH J. Physicochemical and quality characteristics of cold-pressed hemp, flax and canola seed oils[J]. J Food Compos Anal, 2013, 30(1): 26-31.

[100] VECKA M, STAŇKOVÁ B, KUTOVÁ S, et al. Comprehensive sterol and fatty acid analysis in nineteen nuts, seeds, and kernel[J]. SN Appl Sci, 2019, 1(12): 1531.

[101] MAMONE G, PICARIELLO G, RAMONDO A, et al. Production, digestibility and allergenicity of hemp (*Cannabis sativa* L.) protein isolates[J]. Food Res Int, 2019, 115: 562-571.

[102] HOUSE J D, NEUFELD J, LESON G. Evaluating the quality of protein from hemp seed (*Cannabis sativa* L.) products through the use of the protein digestibility-corrected amino acid score method[J]. J Agric Food Chem, 2010, 58(22): 11801-11807.

[103] 张瀚文,余秋文,张一凡,等. 膳食纤维的生理功能及改性方法研究进展[J]. 农业科技与装备,2021(1):64-65.

[104] LATTIMER J M, HAUB M D. Effects of dietary fiber and its components on metabolic health[J]. Nutrients, 2010, 2(12): 1266-1289.

[105] DEME T, HAKI G D, RETTA N, et al. Mineral and anti-nutritional contents of niger seed (*Guizotia abyssinica* (L. f.) Cass., linseed (*Linumusitatissimum* L.) and sesame (*Sesamumindicum* L.) varieties grown in Ethiopia[J]. Foods, 2017, 6(4): 27.

[106] TAPIA M I, SÁNCHEZ-MORGADO J R, GARCÍA-PARRA J, et al. Comparative study of the nutritional and bioactive compounds content of four walnut (*Juglans regia* L.) cultivars[J]. J Food Compos Anal, 2013, 31(2): 232-237.

[107] 姜璠. 火麻油中大麻素及其生物活性研究[D]. 无锡:江南大学,2022.

[108] YU L L, ZHOU K K, PARRY J. Antioxidant properties of cold-pressed black caraway, carrot, cranberry, and hemp seed oils[J]. Food Chem, 2005, 91(4):

723-729.

[109]SMERIGLIO A, GALATI E M, MONFORTE M T, et al. Polyphenolic compounds and antioxidant activity of cold-pressed seed oil from finola cultivar of *Cannabis sativa* L. [J]. Phytother Res, 2016, 30(8): 1398-1307.

[110]BOURJOT M, ZEDET A, DEMANGE B, et al. *In vitro* mammalian arginase inhibitory and antioxidant effects of amide derivatives isolated from the hempseed cakes (*Cannabis sativa*)[J]. Planta Med Int Open, 2016, 3(3): e64-e67.

[111]ZHU G Y, YANG J, YAO X J, et al. (±)-Sativamides A and B, two pairs of racemic nor-lignanamide enantiomers from the fruits of *Cannabis sativa*[J]. J Org Chem, 2018, 83(4): 2376-2381.

[112]ZHOU Y F, WANG S S, JI J B, et al. Hemp (*Cannabis sativa* L.) seed phenylpropionamides composition and effects on memory dysfunction and biomarkers of neuroinflammation induced by lipopolysaccharide in mice[J]. ACS Omega, 2018, 3(11): 15988-15995.

[113]TEH S S, BEKHIT A E D A, CARNE A, et al. Antioxidant and ACE-inhibitory activities of hemp (*Cannabis sativa* L.) protein hydrolysates produced by the proteases AFP, HT, Pro-G, actinidin and zingibain[J]. Food Chem, 2016, 203: 199-206.

[114]LOGARUŠIĆ M, SLIVAC I, RADOŠEVIĆ K, et al. Hempseed protein hydrolysates' effects on the proliferation and induced oxidative stress in normal and cancer cell lines[J]. Mol Biol Rep, 2019, 46: 6079-6085.

[115]RODRIGUEZ-MARTIN N M, TOSCANO R, VILLANUEVA A, et al. Neuroprotective protein hydrolysates from hemp (*Cannabis sativa* L.) seeds[J]. Food Funct, 2019, 10(10): 6732-6739.

[116]LIN Y, PANGLOLI P, MENG X J, et al. Effect of heating on the digestibility of isolated hempseed (*Cannabis sativa* L.) protein and bioactivity of its pepsin-pancreatin digests[J]. Food Chem, 2020, 314: 126198.

[117]MALOMO S A, ONUH J O, GIRGIH A T, et al. Structural and antihypertensive properties of enzymatic hemp seed protein hydrolysates[J]. Nutrients,2015,7(9):7616-7632.

[118]AIELLO G,LAMMI C,BOSCHIN G,et al. Exploration of potentially bioactive peptides generated from the enzymatic hydrolysis of hempseed proteins[J]. J Agric Food Chem,2017,65(47):10174-10184.

[119]ZANONI C, AIELLO G, ARNOLDI A, et al. Hempseed peptides exert hypocholesterolemic effects with a statin-like mechanism[J]. J Agric Food Chem,2017,65(40):8829-8838.

[120]魏连会,董艳,石杰,等.汉麻籽抗氧化肽的制备与氨基酸序列分析[J].中国油脂,2022,47(4):36-40.

[121]KAUL N,KREML R,AUSTRIA J A,et al. A comparison of fish oil,flaxseed oil and hempseed oil supplementation on selected parameters of cardiovascular health in healthy volunteers[J]. J Am Coll Nutr,2008,27(1):51-58.

[122]KAUSHAL N, DHADWAL S, KAUR P. Ameliorative effects of hempseed (*Cannabis Sativa*) against hypercholesterolemia associated cardiovascular changes[J]. Nutr Metab Cardiovasc Dis,2020,30(2):330-338.

[123]KARIMI I,HAYATGHAIBI H. Effect of *Cannabis sativa* L. seed (hempseed) on serum lipid and protein profiles of rat[J]. Pakistan Journal of Nutrition, 2006,5(6):585-588.

[124]SABERIVAND A,KARIMI I,BECKER L A,et al. The effects of *Cannabis sativa* L. seed (hempseed) in the ovariectomized rat model of menopause [J]. Methods Find Exp Clin Pharmacol,2010,32(7):467-473.

[125]GIRGIH A T,ALASHI A,HE R,et al. Preventive and treatment effects of a hemp seed (*Cannabis sativa* L.) meal protein hydrolysate against high blood pressure in spontaneously hypertensive rats [J]. Eur J Nutr, 2013, 53: 1237-1246.

[126]CALLAWAY J,SCHWAB U,HARVIMA I,et al. Efficacy of dietary hempseed

oil in patients with atopic dermatitis[J]. J Dermatolog Treat, 2005, 16(2): 87-94.

[127] JING M, ZHAO S, HOUSE J D. Performance and tissue fatty acid profile of broiler chickens and laying hens fed hemp oil and HempOmega™[J]. Poult Sci, 2017, 96(6): 1809-1819.

[128] YALCIN H, KONCA Y, DURMUSCELEBI F. Effect of dietary supplementation of hemp seed (*Cannabis sativa* L.) on meat quality and egg fatty acid composition of Japanese quail (*Coturnix coturnix japonica*)[J]. J Anim Physiol Anim Nutr, 2018, 102(1): 131-141.

[129] MIERLITA D. Fatty acid profile and health lipid indices in the raw milk of ewes grazing part-time and hemp seed supplementation of lactating ewes[J]. South African Journal Of Animal Science, 2016, 46(3): 237-246.

[130] IANNACCONE M, IANNI A, CONTALDI F, et al. Whole blood transcriptome analysis in ewes fed with hemp seed supplemented diet[J]. Sci Rep, 2019, 9: 16192.

[131] POJIĆ M, DAPČEVIĆ HADNAĐEV T, HADNAĐEV M, et al. Bread supplementation with hemp seed cake: a by-product of hemp oil processing [J]. J Food Qual, 2015, 38(6): 431-440.

[132] SVEC I, HRUŠKOVÁ M. The Mixolab parameters of composite wheat/hemp flour and their relation to quality features[J]. LWT-Food Science and Technology, 2015, 60(1): 623-629.

[133] SVEC I, HRUŠKOVÁ M. Properties and nutritional value of wheat bread enriched by hemp products[J]. Potravinárstvo, 2015, 9.

[134] MIKULEC A, KOWALSKI S, SABAT R, et al. Hemp flour as a valuable component for enriching physicochemical and antioxidant properties of wheat bread[J]. LWT, 2019, 102: 164-172.

[135] ZAJĄC M, ŚWIĄTEK R. The effect of hemp seed and linseed addition on the quality of liver pâtés[J]. Acta Sci Pol Technol Aliment, 2018, 17(2):

169-176.

[136]REHMAN M,FAHAD S,Du G H,et al. Evaluation of hemp (*Cannabis sativa* L.) as an industrial crop:a review[J]. Environ Sci Pollut Res Int,2021,28:52832-52843.

[137]BAILONI L,BACCHIN E,TROCINO A,et al. Hemp (*Cannabis sativa* L.) seed and co-products inclusion in diets for dairy ruminants:a review[J]. Animals,2021,11(3):856.

[138]CAO J S, DENG Z Y, LI W, et al. Remote sensing inversion and spatial variation of land surface temperature over mining areas of Jixi,Heilongjiang, China[J]. PeerJ,2020,8:e10257.

[139]MAYER B F,ALI-BENALI M A,DEMONE J,et al. Cold acclimation induces distinctive changes in the chromatin state and transcript levels of *COR* genes in *Cannabis sativa* varieties with contrasting cold acclimation capacities[J]. Physiol Plant,2015,155(3):281-295.

[140]HAPPYANA N. Metabolomics, proteomics, and transcriptomics of *Cannabis sativa* L. trichomes[D]. Dortmund:Technischen Universität Dortmund,2014.

[141]WANG S M,SHEN G X,CHEN X C,et al. QTL analysis for relative water content in rice[J]. Agricultural Science and Technology, 2014, 15(11):1849-1851.

[142]SONG S Y,CHEN Y,CHEN J,et al. Physiological mechanisms underlying OsNAC5-dependent tolerance of rice plants to abiotic stress[J]. Planta, 2011,234:331-345.

[143]LI Y,YANG X X,REN B B,et al. Why nitrogen use efficiency decreases under high nitrogen supply in rice (*Oryza sativa* L.) seedlings[J]. J Plant Growth Regul,2012,31:47-52.

[144]李玲. 植物生理学模块实验指导[M]. 北京:科学出版社,2009:92-100.

[145]赖铭,陈佳,张军,等. 植物低温胁迫响应机制及提高抗冷性研究进展[J/OL]. 分子植物育种, 2023: 1-11[2024-05-12]. http://

gfffg5fce84748f1d4cc2hkqk6qoovooco6x90. fgfy. hlju. cwkeji. cn/kcms/detail/46. 1068. S. 20230130. 1626. 005. html.

[146]姜良宝. 梅花响应低温胁迫的生理变化和基因表达模式研究[D]. 北京:北京林业大学,2021.

[147]QI W L, WANG F, MA L, et al. Physiological and biochemical mechanisms and cytology of cold tolerance in *Brassica napus*[J]. Front Plant Sci, 2020, 11:1241.

[148]包玲玲. 不同水稻品种在冷胁迫下生理响应比较研究[D]. 重庆:重庆师范大学,2016.

[149]JUMRANI K, BHATIA V S. Interactive effect of temperature and water stress on physiological and biochemical processes in soybean[J]. Physiol Mol Biol Plants, 2019, 25:667-681.

[150]刘敏. 玉米苗期响应冷胁迫的生理及分子机制[D]. 沈阳: 沈阳农业大学,2023.

[151]DING Y L, YANG S H. Surviving and thriving: how plants perceive and respond to temperature stress[J]. Dev Cell, 2022, 57(8):947-958.

[152]LI J H, ZHANG Z Y, CHONG K, et al. Chilling tolerance in rice: past and present[J]. J Plant Physiol, 2022, 268:153576.

[153]李薇,史菲,刘敏,等. 植物响应低温的生理和分子机制研究进展[J]. 北方园艺,2023(8):121-126.

[154]NARAYANAN S, TAMURA P J, ROTH M R, et al. Wheat leaf lipids during heat stress: I. high day and night temperatures result in major lipid alterations[J]. Plant Cell Environ, 2016, 39(4):787-803.

[155]SUN Y F, JAIN A, XUE Y, et al. OsSQD1 at the crossroads of phosphate and sulfur metabolism affects plant morphology and lipid composition in response to phosphate deprivation[J]. Plant Cell Environ, 2020, 43(7):1669-1690.

[156]KARCHE T, SINGH M R. The application of hemp (*Cannabis sativa* L.) for a green economy: a review[J]. Turkish Journal of Botany, 2019, 43(6):

710–723.

[157]HESAMI M, PEPE M, BAITON A, et al. New insight into ornamental applications of cannabis: perspectives and challenges[J]. Plants, 2022, 11(18):2383.

[158]KRÜGER M, VAN EEDEN T, BESWA D. *Cannabis sativa* cannabinoids as functional ingredients in snack foods — historical and developmental aspects[J]. Plants, 2022, 11(23):3330.

[159]HESAMI M, PEPE M, BAITON A, et al. Current status and future prospects in cannabinoid production through *in vitro* culture and synthetic biology[J]. Biotechnol Adv, 2023, 62:108074.

[160]CERINO P, BUONERBA C, CANNAZZA G, et al. A review of hemp as food and nutritional supplement[J]. Cannabis Cannabinoid Res, 2021, 6(1):19–27.

[161]BURTON R A, ANDRES M, COLE M, et al. Industrial hemp seed: from the field to value-added food ingredients[J]. J Cannabis Res, 2022, 4:45.

[162]YAO H Y, XUE H W. Phosphatidic acid plays key roles regulating plant development and stress responses[J]. J Integr Plant Biol, 2018, 60(9):851–863.

[163]VAN DER POL E, BÖING A N, HARRISON P, et al. Classification, functions, and clinical relevance of extracellular vesicles[J]. Pharmacol Rev, 2012, 64(3):676–705.

[164]HEINZ E, ROUGHAN P G. Similarities and differences in lipid metabolism of chloroplasts isolated from 18:3 and 16:3 plants[J]. Plant Physiol, 1983, 72(2):273–279.

[165]MOELLERING E R, BENNING C. Galactoglycerolipid metabolism under stress: a time for remodeling[J]. Trends Plant Sci, 2011, 16(2):98–107.

[166]KLAUS D, HÄRTEL H, FITZPATRICK L M, et al. Digalactosyldiacylglycerol synthesis in chloroplasts of the Arabidopsis *dgd*1 mutant[J]. Plant Physiol,

2002,128(3):885-895.

[167]GABRUK M, MYSLIWA-KURDZIEL B, KRUK J. MGDG, PG and SQDG regulate the activity of light-dependent protochlorophyllide oxidoreductase [J]. Biochem J,2017,474(7):1307-1320.

[168]HU Y R,JIANG Y J,HAN X,et al. Jasmonate regulates leaf senescence and tolerance to cold stress: crosstalk with other phytohormones[J]. J Exp Bot, 2017,68(6):1361-1369.

[169]BHATT-WESSEL B, JORDAN T W, MILLER J H, et al. Role of DGAT enzymes in triacylglycerol metabolism[J]. Arch Biochem Biophys,2018,655: 1-11.

[170]YAN B W, XU X X, GU Y N, et al. Genome-wide characterization and expression profiling of diacylglycerol acyltransferase genes from maize[J]. Genome,2018,61(10):735-743.

[171]GAO H L, GAO Y, ZHANG F, et al. Functional characterization of an novel acyl-CoA: diacylglycerol acyltransferase 3-3 (*CsDGAT3-3*) gene from *Camelina sativa*[J]. Plant Sci,2021,303:110752.

[172]VAN BAKEL H, STOUT J M, COTE A G, et al. The draft genome and transcriptome of *Cannabis sativa*[J]. Genome Biol,2011,12:R102.

[173]TURCHETTO-ZOLET A C, CHRISTOFF A P, KULCHESKI F R, et al. Diversity and evolution of plant diacylglycerol acyltransferase (DGATs) unveiled by phylogenetic, gene structure and expression analyses[J]. Genet Mol Biol,2016,39(4):524-538.

[174]LIU J J,WANG Z Q,LI J,et al. Genome-wide identification of diacylglycerol acyltransferases (DGAT) family genes influencing milk production in buffalo [J]. BMC Genet,2020,21:26.

[175]CHI X Y, HU R B, ZHANG X W, et al. Cloning and functional analysis of three diacylglycerol acyltransferase genes from peanut (*Arachis hypogaea* L.) [J]. PLoS One,2014,9(9):e105834.

[176] ROSLI R, CHAN P L, CHAN K L, et al. *In silico* characterization and expression profiling of the diacylglycerol acyltransferase gene family (DGAT1, DGAT2, DGAT3 and WS/DGAT) from oil palm, *Elaeis guineensis*[J]. Plant Sci, 2018, 275:84-96.

[177] WANG L, XU Z P, YIN W, et al. Genome-wide analysis of the Thaumatin-like gene family in Qingke (*Hordeum vulgare* L. var. *nudum*) uncovers candidates involved in plant defense against biotic and abiotic stresses[J]. Front Plant Sci, 2022, 13:912296.

[178] CAO H P, SHOCKEY J M, KLASSON K T, et al. Developmental regulation of diacylglycerol acyltransferase family gene expression in tung tree tissues[J]. PLoS One, 2013, 8(10):e76946.

[179] LI Z, HUA X T, ZHONG W M, et al. Genome-wide identification and expression profile analysis of *WRKY* family genes in the autopolyploid *Saccharum spontaneum*[J]. Plant Cell Physiol, 2020, 61(3):616-630.

[180] GREER M S, PAN X, WESELAKE R J. Two clades of type-1 *Brassica napus* diacylglycerol acyltransferase exhibit differences in acyl-CoA preference[J]. Lipids, 2016, 51(6):781-786.

[181] YAMADA K, LIM J, DALE J M, et al. Empirical analysis of transcriptional activity in the *Arabidopsis genome*[J]. Science, 2003, 302(5646):842-846.

[182] WESELAKE R J, SHAH S, TANG M G, et al. Metabolic control analysis is helpful for informed genetic manipulation of oilseed rape (*Brassica napus*) to increase seed oil content[J]. J Exp Bot, 2008, 59(13):3543-3549.

[183] SHOCKEY J M, GIDDA S K, CHAPITAL D C, et al. Tung tree DGAT1 and DGAT2 have nonredundant functions in triacylglycerol biosynthesis and are localized to different subdomains of the endoplasmic reticulum[J]. Plant Cell, 2006, 18(9):2294-2313.

[184] LIU D T, JI H Y, YANG Z L. Functional characterization of three novel genes encoding diacylglycerol acyltransferase (DGAT) from oil-rich tubers of

Cyperus esculentus[J]. Plant Cell Physiol,2020,61(1):118-129.

[185]KROON J T M, WEI W X, SIMON W J, et al. Identification and functional expression of a type 2 acyl-CoA:diacylglycerol acyltransferase (DGAT2) in developing castor bean seeds which has high homology to the major triglyceride biosynthetic enzyme of fungi and animals[J]. Phytochemistry, 2006,67(23): 2541-2549.

[186]ZHANG H,JIANG C J,REN J Y,et al. An advanced lipid metabolism system revealed by transcriptomic and lipidomic analyses plays a central role in peanut cold tolerance[J]. Front Plant Sci,2020,11:1110.

[187]Song C B, Wang K, Xiao X, et al. Membrane lipid metabolism influences chilling injury during cold storage of peach fruit[J]. Food Res Int,2022,157: 111249.